新标准高等职业教育
日语专业系列规划教材

U0245286

新标准高等职业教育日语专业系列规划教材

日文录入实务

新标准高等职业教育教材编审委员会 组编

总 主 审　张学库
总 主 编　邵 红
主 　 编　苗 欣　邹 倩
副 主 编　张晓娜　张 玲

（第二版）

大连理工大学出版社
DALIAN UNIVERSITY OF TECHNOLOGY PRESS

图书在版编目（CIP）数据

日文录入实务 / 苗欣，邹倩主编. -- 2版. -- 大连：
大连理工大学出版社，2023.1（2024.1重印）
新世纪高职高专日语专业系列规划教材
ISBN 978-7-5685-3397-3

Ⅰ. ①日… Ⅱ. ①苗… ②邹… Ⅲ. ①日文—文字处
理—高等职业教育—教材 Ⅳ. ①TP391.14

中国版本图书馆CIP数据核字（2021）第252533号

大连理工大学出版社出版
地址：大连市软件园路80号　　　　　　邮政编码：116023
发行：0411-84708842　邮购：0411-84708943　传真：0411-84701466
E-mail:dutp@dutp.cn　　　　　　　URL:https://www.dutp.cn
大连天骄彩色印刷有限公司印刷　　大连理工大学出版社发行

幅面尺寸：185mm×260mm　　印张：12.75　　字数：295千字
2018年2月第1版　　　　　　　　　　　　2023年1月第2版
2024年1月第2次印刷

责任编辑：楼　霈　　　　　　　　责任校对：张　璠
封面设计：张　莹

ISBN 978-7-5685-3397-3　　　　　　　定价：46.00元

总 序

2014 年，教育部职业院校外语类专业教学指导委员会原日语分委会与大连理工大学出版社签署了《战略合作框架协议》，成立了"新标准高等职业教育教材编审委员会"，并组织高职日语专业骨干教师、企业资深管理人员、日籍文教专家，先后建设高等职业日语系列教材 26 册，其中用于核心课程教学的教材 16 册，全部入选"十三五"职业教育国家规划教材目录。

日前，为深入贯彻全国职业教育大会精神和《国家职业教育改革实施方案》，"新标准高等职业教育教材编审委员会"又组织建设了与相关行业和专业发展配套的系列教材，以期作为高职日语专业核心课程亟待填补的项目，用于满足教学需要。本套教材内容编排以职业岗位活动为导向并符合学生语言学习认知规律，遵循听说领先，重在应用的教学理念，以学生为主体，以实践为主线，科学设计教学，将语言学习与实际工作结合，纸介质教材与立体化教学资源结合，实现教学设计书与课程单元统一，纸介质教材与配套网络教学内容统一。

教材特色

1. 融合思政教学理念与元素，立德树人，价值引领。编写团队基于中日两国文化同源同根的历史，通过溯源、案例启迪、中日文明互鉴等方式，在尊重课程内容科学性的基础上，精心渗入价值观、人生观、家国情怀、职业道德、职业精神等思政元素，以心育心、以德育德、以人格育人格，塑造学生正确的世界观、人生观、价值观，促使学生通过专业课程学习得到更全面的优质发展。

2. 内容选材突出职业性与实用性。为适应零起点日语学生的认知规律和成长规律，教材的选材在注重为学生构建扎实的日语语言基础的同时，努力探索教学内容、教学与职业岗位要求有机结合的途径和方式，并以职业岗位活动为导向，植入大量的职场活动，在真实场景中培养学生的语言表达能力与社会交际能力，凸显高职日语的实用性和职业性。

3. 教学设计注重学生外语运用能力的培养，倡导"做中学、学中做"，突出听说领先。教材各自配有教学设计书，内容包括教学目标、教学内容、教学方法与手段等。教学组织过程的设计力求科学、合理、有效。课堂活动设计以学生为主体，以实践为主线，精讲多练，听说领先。教师是教学设计者、导演、教练，学生是演员、训练对象，课堂活动讲、练、应用有机结合，学生即学即用。

4. 突出人文素养和跨文化交际能力的培养。将人文素养、跨文化交际能力的培养渗入教学始终。围绕每课或单元的主体内容，配置相关的人文素质教育内容或日本社会、文化、民俗等短文或图片，与专业能力培养的主体教学内容形成互补。通过延伸学习，让学生了解中外文化的异同，了解跨文化交流的技巧，体会人文素养在社会、在人际交流中的重要性，引导学生注重自身修养，启发学生关注中日两国文化间的契合点，把教

书育人与基础素养教育贯穿教学全过程，潜移默化地影响学生行为举止与精神风貌，同时，提高学生的跨文化交际能力。

5.教考结合。教材与JLPT(日本语能力测试)和J.TEST(实用日本语鉴定考试)相结合，准确把握教材内容的难易度，既考虑职业初始岗位对学生外语应用能力的要求，又考虑为学生的可持续发展打下坚实的外语基础。

6.语言表达规范，选材内容新颖。选材涉及中日两国文化、社会、科学热门话题、生活趣闻及职场情境。教材贴近生活，图文并茂，体现了高职日语的实用性和趣味性；贴合职业岗位需求，取材于企业生产一线，体现高职日语的实用性和职业性。语法说明简明扼要，解释准确；为了便于高职学生在理解之上习得，避免使用理论性强或过于抽象的专业术语，教材采用易于学生接受的"学校语法"中的语法解说；每册教材在结构设计、取材取景、遣词造句、同步训练等多个环节上，与日籍专家反复磋商、研讨，以保证教材的准确性与科学性。

7. 从单一载体向多样化教学资源服务方式转变，形成以纸质教材和数字化教材相结合的立体化教学资源。本套教材顺应时代的发展，从平面走向立休，以传统纸介质平面为基础，延伸扩展至网络教学资源。即，该套系列教材每册均由三部分构成：一是纸介质教材；二是与之配套的网络数字资源（包括课堂教学使用的网络数字资源和学生自主学习使用的网络数字资源）；三是教学设计书。教师可依照教学设计书，凭借纸质教材、数字资源和现代教育技术，将线上线下、课内课外有机结合，实现课堂教学目标。学生可结合第一课堂的学习内容以第二课堂（网络资源）为依托，开展形式多样的自主学习活动，实现线上线下、课内课外有机结合，相互补充，提高学习效果和学生自主学习能力等联动效应。

编写队伍

本套教材是在教育部职业院校外语类专业教学指导委员会日语分委会的指导下，由来自全国30余所高职院校的教师与相关企业资深管理人员、日籍文教专家80余人联合建设的。这30余所院校由北至南分布于华北、华中和华南9大区域。参与者均为各校日语专业骨干教师，是高职院校日语学科带头人或中坚力量；企业参与人员多半为学校兼职教师，了解高职日语教育，承担过日语课堂教学，富有职场实战和教学实践经验；邀请的日籍文教专家不仅教学资历深厚，而且对日语教学研究颇有见地。每册教材均为多所院校联手打造，日籍文教专家反复审订，企业兼职教师深度介入，悉心指导，甚而亲自撰写而成。

本套教材建设过程中，我们得到了行业、企业界朋友和日本友人的无私援助与鼎力支持。在此一并致以诚挚的谢意和崇高的敬意！

新标准高等职业教育教材编审委员会
2021 年 10 月

前　言

随着中国IT行业，尤其是对日软件服务业务的迅猛发展，针对日本的数据录入业务急剧增加。行业发展需要大量日文数据处理专业人才，而国内此类日语教育实训类教材寥寥无几，加大了日语人才培养的难度。

为改善国内高校日语教育缺乏实训类教材的现状，本书编者以"做中学、做中教"的职业教育理念，综合多年的教学实践经验，根据日资企业对员工日语文字录入、编辑处理能力的要求，编写了这本实训教材，供广大高等职业院校日语专业学生使用。

本书按照"项目教学、任务驱动"的编写模式，以知识和能力为教学导向，通过科学的训练方法，使课程内容与行业要求顺利对接。

本书共分为四大项目：项目一介绍计算机录入技术入门；项目二介绍日语假名录入；项目三介绍日文词汇综合录入；项目四为综合实践训练，设定任务使用Word、Excel、PowerPoint制作日文文档。每个教学任务之后附加日文录入相关知识，凸显教材的实效性和教学资源的丰富性，提高学生的学习兴趣。

本书突出高职"学以致用"的教学理念，由校企合作开发，以真实工作环境中的业务需求为引领，设计教学内容，彰显"工学结合"特色。同时根据教材教学内容和育人目标，结合教材主题有机融入了党的二十大报告的相关内容，加快推进党的二十大精神进教材、进课堂、进头脑。

1. 编写模式新颖，教材体系体现高职特色

本教材通过"任务驱动"和"项目化"教学强调每个任务、项目的完整工作过程，以此体现"学中做、做中学"的职业教育特色。

2. 融思政于教材，立德树人

以国内时事政治热点新闻等文章为录入素材，将隐性的思政元素融入显性的知识教育过程中，引导学生形成正确价值观，实现立德树人的教学目标。

3. 教材内容实用性强，满足服务外包行业的发展要求

本教材建立在对服务外包企业数据录入员职业岗位能力分析的基础上，其主导思想是突破"以课堂为中心，以教材为中心，以教师为中心"，建立"以实践教学为中心，以岗位业务案例为中心，以学生动手操作为主体"的实践性较强的教学模式，全面推行校内实操训练，培养职业岗位业务能力，实操典型业务案例，让学生在完成教学任务过程中，获得解决现实岗位及未来职场所需的知识、态度与技能。

本次修订在项目四中新增了Word、Excel、PowerPoint三个办公软件的综合实操项目。培养学生在掌握文字录入技能的基础上，结合企业办公软件业务，增强解决实际问题的能力以及业务实操能力。

4. 校企合作编写，作者队伍实力强

教材体现了"产教融合""校企双元合作开发"，编写人员由企业专家和专业教师组成。校内专业教师均是多年从事相关课程教学、教材开发、实习实训指导的教师，具有丰富的教学经验和课程改革创新潜力。校外企业专家主要来自友好合作企业——烟台创迹软件有限公司青岛分公司，企业提供了大量一线职业岗位素材和案例，以教材为载体真正实现企业与学校、员工培训与课堂授课的全面一致。教材应用对象为中、高等职业院校日语专业学生以及数据处理行业初级员工，也适用于服务外包企业的业务培训。

5. 教学资源丰富，提供优质教学服务

配套实操文档包括书中录入练习素材，使教学更加方便。同时配套实操录入平台（电脑版），登录可以直接在线练习各项文字录入，有效提高实践教学质量。

苗欣负责全书的总体规划、组织和统稿工作，并编写项目一任务一、项目一任务二、项目三任务一至任务四；邹倩负责全书的总体规划、组织和统稿工作，并编写项目一任务四、项目三任务五、项目四任务一至任务三；张晓娜编写项目二任务一至任务四，张玲编写项目一任务三、项目二任务五。

尽管编者倾心编写，但书中难免有不尽如人意之处，倘若能够得到专家和读者赐教，将不胜感激。

编　者

所有意见和建议请发往：dutpwy@163.com

欢迎访问外语教育服务平台：https://www.dutp.cn/fle/

联系电话：0411-84707604；84706231

目　录

项目四

综合实践训练

133

项目一
计算机录入技术入门

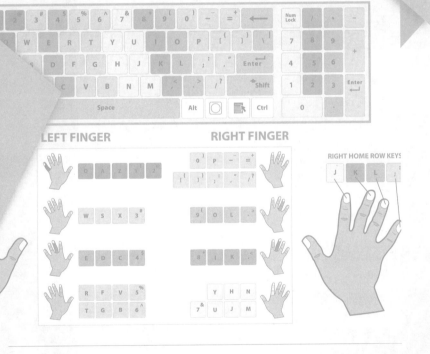

　　随着软件和IT行业的迅猛发展，利用计算机进行信息数据处理，掌握计算机应用基本技能，成为现代从业人员必备的素质之一。

　　中文、英文、日文、数字、符号录入，是计算机操作的基本技能。如何下载、安装打字软件，如何快速熟悉键盘，掌握键盘盲打及快速录入技巧，是本项目的重要学习内容。

Section 1　仕事への導入

タッチタイピングとは

　「タッチタイピング」とは、キーボードを見ないでキーを入力する方法です。キーボードの配列と各指がどのキーを押すかを覚えて、キーを見ないで入力することによって、より早く入力作業をするための方法です。ブラインドタッチ、タッチメソッドとも呼ばれています。

Section 2 仕事の準備

キー配列と各指の分担

　キーボードは国によって、キーの並べ方が違います。中国や日本で使われている一般的なキーの配列は下図のようなものです。濃い色のところは「ホームキー」や「ホームポジション」と呼ばれています。指をホームキーに置いて、タッチタイピングをするときはホームポジションを保ちながら、指を動かします。打ち終わったら、またホームポジションに指を戻します。

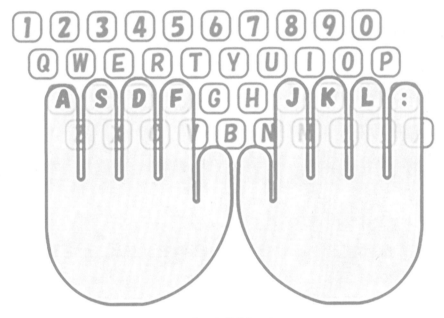

ホームポジション

ポイント

　★指を無理に広げて、キーを押さないで！

正しいタッチタイピングの方法

① ホームポジションに指を戻す

② キーボードを見ないで、正しい指使いで打つ

③ 手のひらや手首は自然にする

手全体は卵を握るような状態を保ちます。手首は机の上に置かずに、1cm程度離します。

パソコンを使うときの姿勢

　パソコンを使うときは、正しい姿勢で作業できるように机や椅子を調整して、ディスプレーやキーボードを適切に置くことがポイントです。

ポイント

★椅子に深く腰をかけて、背筋を伸ばします。

★足の裏側全体が床に接します。

★ディスプレーの上端が目の位置より下になるように高さを調節します。目との距離を40cm以上確保します。

★画面とキーボードと体の中心線を等しくします。

下図のような姿勢を保ちます。

豆知識

常にホームポジションを意識すべき

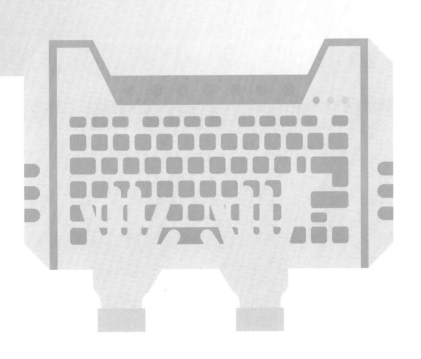

A S D F G H J K L

　キーボード上での指の基本配置である「ホームポジション」に慣れましょう。中途半端な意識では、仕事途中からでたらめな打ち方になってしまいます。

　「ホームポジション」は、入力を始める時に確認すれば良いというものではありません。常に意識し、4本の指でタイピングをします。

　動かさない指はできる限りホームポジションから離れないようにしましょう。キーを打ち終わったあとも、すぐに「ホームポジション」に指を戻す癖をつけましょう。

仕事二　英字を打つ

Section 1　仕事への導入

　「パソコン」の基礎学習で最も大切なことは「タッチタイプの練習」です。パソコン入力では、アルファベットでの入力が欠かせませんので、キーの配列を覚えましょう。

Section 2　仕事の準備

入力モード

★英字を入力するには、入力モードを切り替えます。

日本語入力 / 英字入力の切り替え	Shift キー＋ Alt キーを押す
英字の大文字 / 小文字の切り替え	Caps Lock キーを押す

★日本語を入力しているときに、半角英字を入力する方法は、次のとおりです。

1.恒久的に半角英字を入力する
　言語バー（IME ツールバー）にある入力モードを切り替えることで、半角英字を入力できます。英数字入力状態になると、言語バーの表示が「A」と表示されます。

2. 一時的に半角英字を入力する

日本語を入力しているとき **F10** キーを押すと、キーボードに刻印されたアルファベットに対応する半角小文字に変換されます。

Section 3 仕事の実務

1. 录入内容：右手のホームポジションを打つ

左手のホームポジションを打つ

右手の人差し指で打つ

左手の人差し指で打つ

人さし指を中心に混合で打つ

右手の中指で打つ　　　　　左手の中指で打つ

右手の薬指で打つ　　　　　左手の薬指で打つ

右手の小指で打つ　　　　　左手の小指で打つ

2. 录入时间：30 分钟

3. 英文录入速度：初级水平 每分钟 90 字符以下

中级水平 每分钟 90~120 字符

高级水平 每分钟 120 字符以上

4. 录入文档：英文录入 Excel 文档

★入力用

右手のホームポジションのキー

キー	練習用
jjj jjj jjj jjj jjj	
kkk kkk kkk kkk kkk	
lll lll lll lll lll	
;;; ;;; ;;; ;;; ;;;	
jkl; jkl; jkl; jkl;	

左手のホームポジションのキー

キー	練習用
fff fff fff fff fff	
ddd ddd ddd ddd ddd	
sss sss sss sss sss	
aaa aaa aaa aaa aaa	
fdsa fdsa fdsa fdsa	

右手の人さし指のキー

キー	練習用
hj hj hj hj hj	
yu yu yu yu yu	
nm nm nm nm nm	

Section 4　仕事の確認

問題1　次の英文を入力してください。

ABCD	EFGH	IJKL	MNOP	QRST	UVWX YZ
YZJK	OXSI	AURT	DELZ	CMBQ	WPYC TN
DQAN	KAMI	NIRH	WIXY	BVUE	HOUF AZ
make	juck	hope	hieyboxsiekmak		

yahobxienxiyiiesienwhgytvn

juaidinwleiyvrtcxusoybqp gr

問題2　次の文章を入力してください。

①One day the wind said to the sun, "Look at that man walking along the road. I can get his cloak off more quickly than you can."

②One Christmas night, it is very cold. In the cold and darkness, a girl is walking bare footed in the snow and wind.

③Once there was a Queen. She was sitting at the window. There was snow outside in the garden-snow on the hill and in the lane, snow on the hunts and on the trees: all things were white with snow.

豆知識

役に立つショートカット

使用するキー	操作
Ctrl + C	選択した項目をコピーする
Ctrl + X	選択した項目を切り取る
Ctrl + V	選択した項目を貼り付ける
Ctrl + Z	操作を元に戻す
Ctrl + A	ドキュメントまたはウィンドウズ（Windows）のすべての項目を選択する
Esc	現在の作業を取り消す

キーボードのキー

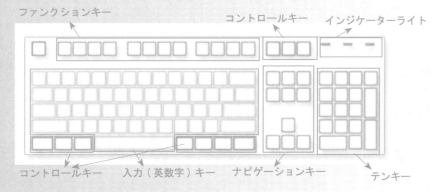

ファンクションキー　コントロールキー　インジケーターライト

コントロールキー　入力（英数字）キー　ナビゲーションキー　テンキー

　キーボードのキーは、その機能に応じて六つのグループに分かれます。キーボードでどのように配置されているか。お使いのキーボードによって、レイアウトが異なる場合があります。

仕事三　数字・記号を打つ

Section 1　仕事への導入

　　テンキーとは、キーボードの右端にある、数字入力用のキーをテンキーと言われます。パソコンで数字を入力するときは、テンキーを利用すると、素早く入力できます。

Section 2　仕事の準備

　　数字を入力するには、入力モードを  にします。

　　数字の入力方法としては、キーボード最上段のキーで入力する方法とテンキーで入力する方法があります。

最上段の数字のキーには、数字が刻印されています。キーをそのまま押すと、数字が入力されます。[Shift]を押した状態でキーを押すと、記号が入力されます。

数字と英字が混在した場合は、最上段の数字キーを打ちます。数字ばかりの時はテンキーを使います。

ポイント

★キーの下側記号を表示するには、そのままキーを押します。

★キーの上側記号を表示するには、[Shift]を押しながらキーを押します。

★次のキーを正確に打つために指をホームポジションに戻すのは必要です。

Section 3 仕事の実務

1. **录入内容：** 数字、符号

2. **录入时间：** 20 分钟

3. **数字录入速度：** 初级水平 每分钟 150 字符以下

　　　　　　　　　　中级水平 每分钟 150~200 字符

　　　　　　　　　　高级水平 每分钟 200 字符以上

4. **录入文档：** 数字、符号录入 Excel 文档

★入力用

数字	練習
123	
456	
7890	
2045847	
2758569	
6202154	
1234567890	
8494783021	
6820153963	
682-578-912	
701-538-927	
021-356-742	
6492-9302-2843	
8490-1263-8241	
4721-2864-8362	

Section 4　仕事の確認

問題1　次の数字を入力してください。

●がんばれ!

98273　58506　23901　87604　69813

82956　40668　39202　71349　39540

sw34　jk87　oa49　ue73　bm51

aie1　nmlk4　ghux8　byxeq2　vcuro9

問題2　次の記号を入力してください。

●がんばれ!

[Q&I]　{K#O#P}

(4+7)*2=22A+B>=C

82.9%　$9.20

2015/06/01　PM6:30　10:30-12:30

Hello! How are you?

^^　~ ~　－－　@163.com

豆知識

テンキーから数字が入力できない場合の対処方法

テンキー入力ができなくなった場合は、最初にキーボードのキーランプの状態を確認します。このランプが消灯していると、テンキーから数字が入力できません。

仕事四　日本語 IME の応用

Section 1　仕事への導入

★日本語を入力する時、よく「IME」を聞きますが、「IME」はどういうものですか。

　「IME」とは日本語を入力するためのソフトで、「Input Method Editor」の略です。

　現在、日本ではそれぞれのコンピューターシステム用にいくつかの IME が存在しています。

　マイクロソフトは Windows用に MS-IME を提供しています。また、アップルはマック用に「ことえり」を用意しています。このほかにも市販のIMEがいくつかあります。

　それぞれのIMEは見かけは違いますが、日本語を入力する基本は同じです。

　IMEは内部に専用の辞書を搭載しています。ユーザーが文字を入力するとその辞書を参照して変換します。

Section 2 仕事の準備

日本語 IME を登録する

　日本語を既定の言語に設定するためには、使用可能な言語として日本語が登録されている必要があります。

　日本語 IME を登録するには、以下の操作手順を行ってください。ここでは例として、「Microsoft IME」と「Microsoft Office IME 2010」を登録します。

STEP 1 ［スタート］→［コントロールパネル］の順にクリックします。

STEP 2 ［コントロールパネル］が表示されます。［キーボードまたは入力方法の変更］をクリックします。

STEP 3 ［地域と言語］が表示されます。［キーボードと言語］タブをクリックし、
［キーボードの変更 (C)］をクリックします。

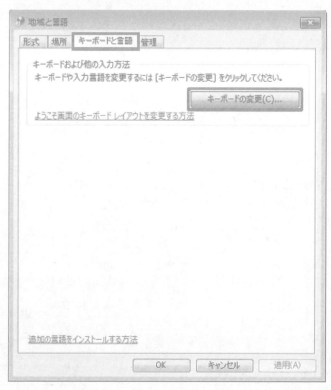

STEP 4 ［テキストサービスと入力言語］が表示されます。［追加 (D)］をクリックします。

STEP 5 ［入力言語の追加］が表示されます。［日本語］をクリックして表示された一覧から［キーボード］をクリックし、［Microsoft IME］と［Microsoft Office IME 2010］にチェックを入れて、［OK］をクリックします。

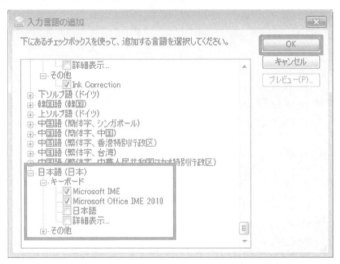

入力言語を日本語にする

複数の言語を登録している場合、Microsoft IME の使用言語が別の言語に設定されていると、日本語が入力できなくなります。

Microsoft IME の言語設定を日本語に切り替え、日本語が入力できるようになるかを確認します。

Microsoft IME の言語設定を日本語に変更するには、以下の操作手順を行ってください。

ここでは例として、Microsoft IME で案内します。

STEP 1 Microsoft IME が日本語以外の言語に設定されていると、言語バーは下図のように表示されます。

STEP 2 言語バーの［EN］をクリックし、表示された一覧から［JP 日本語（日本）］をクリックします。

STEP 3 Microsoft IME が日本語に変更されると、言語バーに [JP] が表示されます。

入力モードを切り替える

Windows 7 / Vista では、複数の入力モードが用意されています。

パソコン起動時の入力モードは、通常は英数字入力になっています。

日本語が入力できない場合は、入力モードが日本語入力になっているかを確認してください。

ここでは例として、Microsoft Office IME 2010 で案内します。

1. キーボードを操作して切り替える

入力モードを日本語入力や英数字入力に切り替えたい場合、キーボードの
半角/全角 キーを押します。

日本語入力状態になると、言語バーの表示が [あ] と表示されます。

英数字入力状態になると、言語バーの表示が [A] と表示されます。

2. 言語バーを操作して切り替える

言語バーの［入力モード］から入力モードを切り替えることが可能です。

［入力モード］をクリックすると一覧が表示されるので、任意の項目をクリックします。

かな入力 / ローマ字入力を切り替える

Windowsには「かな入力」と「ローマ字入力」の2つの日本語入力方式があります。

かな入力 キーボード上に書かれたかな表記に従って文字を打ち込む方式です。

ローマ字入力 キーボード上に書かれたアルファベット表記を基に、ローマ字で日本語を入力する方式です。

意図しない日本語が入力される場合は、入力方式の切り替えを行って、日本語が正常に入力されることを確認します。

日本語の入力方式を切り替えるには、以下の操作手順を行ってください。

ここでは例として、Microsoft office IME 2010の「かな入力」から「ローマ字入力」に切り替える方法を案内します。

STEP 1 言語バーの［ツール］をクリックして、表示された一覧から［プロパティ(R)］をクリックします。

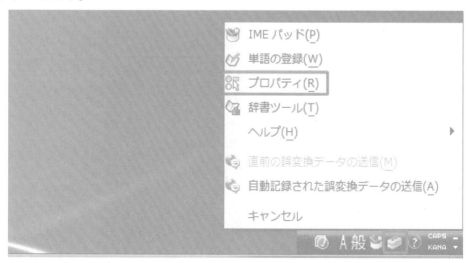

STEP 2 ［Microsoft Office IME 2010 のプロパティ］が表示されます。［入力設定］欄の［ローマ字入力 / かな入力］ボックスから［ローマ字入力］をクリックして、［OK］をクリックします。

Section 3 　仕事の実務

1. 操作内容：打开电脑上已安装的日文输入法，并尝试录入字符。
2. 操作时间：15 分钟

Section 4 仕事の確認

問題 日本語で入力する時、「かう」を入力すると、この読み方の２つの漢字は２つあります。どう選びますか。

IMEの辞書はそれぞれの言葉の属性も収録しています。IMEはその属性に照らし合わせて最適な候補をリストアップします。

「車」は無生物です。一方、「犬」は有生物です。

上の例では、IMEは無生物の「車」には「買う」をあて、有生物「犬」には「飼う」をあてました。

このロジックは便利ですが、いつも正しいとは限りません。例えば、「犬を飼う」前に、私たちは「犬を買う」こともあります。

しかしながら、多くの場合、IMEの解析機能は有益で入力効率を高めます。

项目二
日语假名录入

日语假名电脑录入一般多采用罗马字录入方式。熟练掌握罗马字录入规则，可以准确、快速地完成假名录入，这是本项目学习的基础和关键。

在录入训练中，手指必须保持基本键位，有规律地自由上下移动。通过反复训练，会形成一种手指移动的惯性，指尖在键盘上的舞蹈会越来越舒畅。

仕事一　あ行仮名の入力

Section 1　仕事への導入

　　ローマ字入力でもっともよく使用するキーは「AIUEO」の五つのキーです。これらのキーをどれだけ正しく且つ早く入力できるかが、タイピングの速度に大きな影響を与えます。

Section 2　仕事の準備

入力コツ

【あいうえお】はアルファベットで「AIUEO」に対応します。各キーと指の対応は以下の図のようになります。

	使用する手	担当する指	対応するアルファベット
あ	左手	小指	A
い	右手	中指	I
う	右手	人差し指	U
え	左手	中指	E
お	右手	薬指	O

あ A　　い I　　う U　　え E　　お O

「あ」はアルファベットの A を押して入力できます。左手の小指で A キーを打ちます。

「い」はアルファベットの I を押して入力できます。右手の中指を１段上に動かして I を打ちます。

「う」はアルファベットの U を押して入力できます。右手の人差し指を１段上に動かして U を打ちます。

「え」はアルファベットの E を押して入力できます。左手の中指を１段上に動かして E を打ちます。

「お」はアルファベットの O を押して入力できます。右手の薬指を１段上に動かして O を打ちます。

ポイント

＊言語バーの入力モードを「あ」にします。

＊入力済みで、Enter を押して、文字を確定します。

かんよう

観葉
1	寛容
2	観葉
3	肝要
4	慣用
5	涵養
6	漢陽
7	かんよう
8	缶用
9	咸陽

Space

STEP 1 漢字の読み方を平仮名で入力します。

STEP 2 Space キーを押します。また、漢字変換候補の一覧表から正しい漢字を選びます。

STEP 3 Enter キーを押して、漢字変換を確定します。

Enter

ポイント

★キーを打ったら必ず1回ごとに指をホームポジションに戻します。練習します。

★手元のキーボードは出来るだけ見ないように繰り返し練習します。

Section 3 仕事の実務

1. 录入内容：元音录入及汉字转换
2. 录入时间：10 分钟
3. 录入文档：元音录入 Excel 文档

★入力用

平仮名	練習用	単語	練習用
あ		会う（あう）	
い		胃（い）	
う		遺愛（いあい）	
え		御家（おいえ）	
お		王位（おうい）	
あう		絵（え）	
いう		栄位（えいい）	
いえ		亜欧（あおう）	
えお		負う（おう）	
おあ		甥（おい）	
あいう		言う（いう）	
あおい		青い（あおい）	
いえお		追々（おいおい）	
うおあ		藹藹（あいあい）	
おいう		鋭意（えいい）	

Section 4 　仕事の確認

問題1　入力モードは全角入力に切り替えて、以下の平仮名を入力してみましょう。入力後は Enter キーを押して文字を確定させてください。

あいうえお	あういえお	あえおいう
いあえおう	いうあおい	いおうあえ
うあおいえ	うえいおあ	うあおえい
えおいあう	えうおあい	えあういお
おいうえあ	おうえあい	おあえいお

問題2　キーボードを見ないで、母音を含む単語を入力してみましょう。

会う（あう）	家（いえ）	言う（いう）
上（うえ）	絵（え）	甥（おい）
憂い（うい）	栄位（えいい）	青い（あおい）
亜欧（あおう）	愛（あい）	藹藹（あいあい）
胃（い）	遺愛（いあい）	鋭意（えいい）
汚穢（おあい）	御家（おいえ）	追々（おいおい）
負う（おう）	王位（おうい）	翁（おう）

問題3　カタカナの読みをローマ字に置き換えながら、タイピング練習をやっていきましょう。空き部分は親指で Space キーを押します。

アイウエオ	アウイエオ	アエ　オイウ
イアエオウ	イウアオイ	イオ　ウアエ
ウアオイエ	ウエイオア	ウアオエ　イ
エオイアウ	エウオアイ	エア　イウオ
オイウエア	オウエアイ	オアエイ　オ

★全角／半角

全角**あ**　平仮名や漢字の1個文字の大きさです。

半角**カ**　全角の半分の大きさです。

★入力中の文字削除

入力中に文字を間違えてしまったら、以下の方法で削除できます。

| Back space | カーソル＊左側の文字を削除します。

| Delet | カーソル＊右側の文字を削除します。

仕事二
清音、濁音、半濁音の入力

Section 1　仕事への導入

　　清音、濁音、半濁音の入力方法の学習は日本語でローマ字入力の中に欠かせないことです。ここでは、「人差し指」はよく使用するので、少しでも早くそのタイピングのコツを身につけるよう練習を繰り返し行いましょう。

Section 2　仕事の準備

入力コツ

「清音」「濁音」「半濁音」をローマ字入力にする場合は「子音」＋「母音」という形でキーを一回ずつ押して一文字を入力します。

清音のうち、右手で子音を入力するのが「カ行」「な行」「は行」「ま行」「ヤ行」の 23 文字です。左手が担当する子音は「さ行」「た行」「ら行」「わ行」の 17 文字です。

濁音、半濁音の場合は、子音の入力はほとんど左手に集中しています。右手が担当する子音は「ぱ行」の「P」だけです。左手の練習が非常に重要です。

👆 例を上げて解説する

例： K A ──→ か

右手の中指で K を押してから、左手の小指で A を押します。

清音の入力は、各キーと指の対応は以下の一覧表のように示します。

指とキーの対応（清音）

行	使用する手	担当する指	対応するアルファベット
か行	右手	中指	K
さ行	左手	薬指	S
た行	左手	人差し指	T
な行	右手	人差し指	N
は行	右手	人差し指	H
ま行	右手	人差し指	M
や行	右手	人差し指	Y
ら行	左手	人差し指	R
わ行	左手	薬指	W

濁音、半濁音の入力は、各キーと指の対応は以下の一覧表のように示します。

指とキーの対応（濁音、半濁音）

行	使用する手	担当する指	対応するアルファベット
が行	左手	人差し指	G
ざ行	左手	小指	Z
だ行	左手	中指	D
ば行	左手	人差し指	B
ぱ行	右手	小指	P

清音、濁音、半濁音のローマ字入力は次の表をよく覚えておくと、実際に非常に役立ちます。

清音、濁音、半濁音のローマ字入力

わ WA	ら RA	や YA	ま MA	は HA	な NA	た TA	さ SA	か KA
ゐ WI	り RI	い YI	み MI	ひ HI	に NI	ち TI	し SI	き KI
う WU	る RU	ゆ YU	む MU	ふ HU	ぬ NU	つ TU	す SU	く KU
ゑ WE	れ RE	いぇ YE	め ME	へ HE	ね NE	て TE	せ SE	け KE
を WO	ろ RO	よ YO	も MO	ほ HO	の NO	と TO	そ SO	こ KO

ぱ PA	ば BA	だ DA	ざ ZA	が GA
ぴ PI	び BI	ぢ DI	じ ZI	ぎ GI
ぷ PU	ぶ BU	づ DU	ず ZU	ぐ GU
ぺ PE	べ BE	で DE	ぜ ZE	げ GE
ぽ PO	ぼ BO	ど DO	ぞ ZO	ご GO

Section 3　仕事の実務

1. 录入内容：日语清音、浊音、半浊音录入
2. 录入时间：15 分钟
3. 录入文档：清音、浊音、半浊音录入 Excel 文档

★入力用

平假名	練習用	平假名	練習用
かきくけこ		こけか	
さしすせそ		そさし	
たちつてと		つたち	
なにぬねの		ねのぬ	
はひふへほ		ほはへ	
まみむめも		もみむ	
やいゆえよ		ゆよや	
らりるれろ		れろら	
わいうえを		をうわ	
がぎぐげご		げぎご	
ざじずぜぞ		ぞずざ	
だちづでど		づちど	

Section 4　仕事の確認

問題1　平仮名のタイピング練習をやってみましょう。

かきくけこ	さしすせそ	たちつてと	なにぬねの
はひふへほ	まみむめも	やいゆえよ	らりるれろ
わいうえお	あかさたな	はまやらわ	いきしちに
ひみいりい	おこそとの	ほもよろを	がざだばぱ
ぎじぢびぴ	ぐずづぶぷ	げぜでべぺ	ごぞどぼぽ

問題2　次の早口言葉を平仮名で入力してみましょう。入力後は Enter キーを押して文字を確定させてください。

かけき	きけか	かこく	くこか	かけきく	けこかこ	かきくけこ
させし	しせさ	さそす	すそさ	させしす	せそさそ	さしすせそ
たてち	ちてた	たとつ	つとた	たてちつ	てとたと	たちつてと
なねに	にねな	なのぬ	ぬのな	なねにぬ	ねのなの	なにぬねの
はへひ	ひへは	はほふ	ふほは	はへひふ	へほはは	はひふへほ
まめみ	みめま	まもむ	むもま	まめみむ	めもまも	まみむめも
やえい	いえや	やよゆ	ゆよや	やえいゆ	えよやよ	やいゆえよ
られり	りれら	らろる	るろら	られりる	れろらろ	らりるれろ
わえい	いえわ	わをう	うをわ	わえいう	えをわえ	わいうえを
がげき	ぎげが	がごぐ	ぐごが	がげぎぐ	げごがご	がぎぐげご
ざぜじ	じぜざ	ざぞず	ずぞざ	ざぜじず	ぜぞざぞ	ざじずぜぞ
だでぢ	ぢでだ	だどづ	づどだ	だでぢづ	でどだど	だぢづでど
ばべび	びべば	ばぼぶ	ぶぼば	ばべびぶ	べぼばぼ	ばびぶべぼ
ぱぺぴ	ぴぺぱ	ぱぽぷ	ぷぽぱ	ぱぺぴぷ	ぺぱぱぽ	ぱぴぷぺぽ

問題3　清音、濁音を含む単語のタイピング練習をやってみましょう。

①か行とが行のタイピング訓練

顔（かお）	池（いけ）	鯉（こい）	書く（かく）
機会（きかい）	声（こえ）	受け（うけ）	行く（いく）
赤い（あかい）	買う（かう）	笑顔（えがお）	駅（えき）
外国（がいこく）	具合（ぐあい）	企画（きかく）	画家（がか）
会議（かいぎ）	午後（ごご）	記憶（きおく）	影（かげ）

②さ行とざ行のタイピング訓練

遅い（おそい）	寿司（すし）	塩（しお）	朝（あさ）
世界（せかい）	あそこ	傘（かさ）	西瓜（すいか）
座敷（ざしき）	薄い（うすい）	俗語（ぞくご）	静か（しずか）
座席（ざせき）	地酒（じざけ）	紫陽花（あじさい）	風邪（かぜ）
家族（かぞく）	少し（すこし）	地獄（じごく）	味（あじ）

③た行とだ行のタイピング訓練

歌（うた）	時計（とけい）	高い（たかい）	地下鉄（ちかてつ）
月（つき）	意図（いと）	机（つくえ）	男（おとこ）
哲学（てつがく）	大学（だいがく）	靴（くつ）	近づく（ちかづく）
出口（でぐち）	挨拶（あいさつ）	地下（ちか）	苺（いちご）
出会い（であい）	手足（てあし）	敵（かたき）	仕事（しごと）

④は行とば行、ぱ行のタイピング訓練

母（はは）	下手（へた）	人（ひと）	笛（ふえ）
星（ほし）	服（ふく）	私費（しひ）	花（はな）
二つ（ふたつ）	細い（ほそい）	夫婦（ふうふ）	財布（さいふ）
遊ぶ（あそぶ）	母国（ぼこく）	煙草（たばこ）	言葉（ことば）
手首（てくび）	臍（へそ）	朝日（あさひ）	畑（はたけ）

⑤な行、ま行、や行、ら行、わ行のタイピング訓練

梨（なし）	背中（せなか）	兄（あに）	犬（いぬ）
猫（ねこ）	お金（おかね）	布（ぬの）	喉（のど）
長い（ながい）	魚（さかな）	あなた	熱（ねつ）
豆（まめ）	雨（あめ）	娘（むすめ）	店（みせ）
建物（たてもの）	昔（むかし）	海（うみ）	寒い（さむい）
頭（あたま）	甘い（あまい）	真面目（まじめ）	紅葉（もみじ）
山（やま）	屋根（やね）	夢（ゆめ）	夜中（よなか）
雪（ゆき）	部屋（へや）	強い（つよい）	豊か（ゆたか）
早い（はやい）	痒い（かゆい）	費用（ひよう）	役目（やくめ）
古い（ふるい）	後（うしろ）	桜（さくら）	馬力（ばりき）
苦労（くろう）	留守（るす）	白い（しろい）	空（そら）
車（くるま）	理解（りかい）	色（いろ）	鳥（とり）
私（わたし）	怖い（こわい）	綿（わた）	賄賂（わいろ）
川（かわ）	弱い（よわい）	和室（わしつ）	皺（しわ）
指輪（ゆびわ）	鮑（あわび）	お世話（おせわ）	祝う（いわう）

問題4　入力モードは全角カタカナに切り替えて、以下の外来語を入力してみましょう。
入力後は Enter キーを押して文字を確定させてください。

アジア	シルク	ネクタイ	テニス
サウナ	ビデオ	ベスト	パイプ
ポスト	ピアノ	メモ	ハム
ホテル	ラジオ	テレビ	クリスマス
ポテト	プラス	マイナス	クラブ

ローマ字で平仮名を入力する時も同じ読みでつづり方が違う場合もあります。どちらかも正しいです。頭にしっかり覚えておいて、実際にタイピングをする時は自分のいちばん慣れるほうに従い、入力するのはいいでしょう。

例：T I ⟶ ち

C H I ⟶ ち

仕事三
拗音の入力

Section 1　仕事への導入

　この段階では、「ゃ」「ゅ」「ょ」や「ぁ」「ぃ」「ぅ」「ぇ」「ぉ」といった小さい文字をタイピングする方法を学習します。また、外来語の表記などによく利用する特殊なローマ字入力も説明します。これらの入力方法をしっかり覚えておくと、実際に非常に役立ちます。

Section 2　仕事の準備

入力コツ

1. 拗音の入力方法

　「子音」＋ Y キー ＋ A U O という順に入力します。

　例：「きゃ」を入力する場合は K Y A の順にキーを打ちます。

拗音の入力一覧表

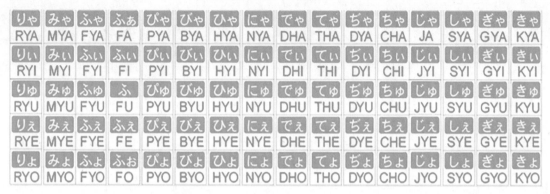

りゃ	みゃ	ふゃ	ふぁ	ぴゃ	びゃ	ひゃ	にゃ	でゃ	てゃ	ぢゃ	ちゃ	じゃ	しゃ	ぎゃ	きゃ
RYA	MYA	FYA	FA	PYA	BYA	HYA	NYA	DHA	THA	DYA	CHA	JA	SYA	GYA	KYA
りぃ	みぃ	ふぃ	ふぃ	ぴぃ	びぃ	ひぃ	にぃ	でぃ	てぃ	ぢぃ	ちぃ	じぃ	しぃ	ぎぃ	きぃ
RYI	MYI	FYI	FI	PYI	BYI	HYI	NYI	DHI	THI	DYI	CHI	JYI	SYI	GYI	KYI
りゅ	みゅ	ふゅ	ふ	ぴゅ	びゅ	ひゅ	にゅ	でゅ	てゅ	ぢゅ	ちゅ	じゅ	しゅ	ぎゅ	きゅ
RYU	MYU	FYU	FU	PYU	BYU	HYU	NYU	DHU	THU	DYU	CHU	JYU	SYU	GYU	KYU
りぇ	みぇ	ふぇ	ふぇ	ぴぇ	びぇ	ひぇ	にぇ	でぇ	てぇ	ぢぇ	ちぇ	じぇ	しぇ	ぎぇ	きぇ
RYE	MYE	FYE	FE	PYE	BYE	HYE	NYE	DHE	THE	DYE	CHE	JYE	SYE	GYE	KYE
りょ	みょ	ふょ	ふぉ	ぴょ	びょ	ひょ	にょ	でょ	てょ	ぢょ	ちょ	じょ	しょ	ぎょ	きょ
RYO	MYO	FYO	FO	PYO	BYO	HYO	NYO	DHO	THO	DYO	CHO	JYO	SYO	GYO	KYO

2. 小さい「ぁ」「ぃ」「ぅ」「ぇ」「ぉ」の入力

　実際に小さい「ぁ」「ぃ」「ぅ」「ぇ」「ぉ」の入力はよくあります。その入力方法も二つあります。どちらかの一つが覚えるのはいいです。

　[A] [I] [U] [E] [O] の前に [L] か [X] をつけて、簡単に小さい文字の入力ができます。

　　例：ぁ　　XA/LA

3. 小さい「ゃ」「ゅ」「ょ」の入力

　[X] か [L] に続けて＋ [Y] ＋ [A] / [U] / [O]

　　例：ゃ　XYA/LYA

4. アルファベットの英語読み方は外来語の表記などによく利用します。これらを入力する場合、以下の一覧表のようにやります。早めに覚えておくと、いざという時に便利になります。

ファ	FA	フィ	FI	ジェ	JE	フォ	FO
クァ	QA	ウィ	WI	フェ	FE	クォ	QO
ヴァ	VA	クィ	QI	ウェ	WHE・WE	ヴォ	VO
ウァ	WHA	ヴィ	VI	クェ	QE	ウォ	WHO
テャ	THA	ティ	THI	ヴェ	VE	テェ	THE
デャ	DHA	ディ	DHI	シェ	SHE	デェ	DHE
テュ	THU	テョ	THO	チェ	CHE		
デュ	DHU	デョ	DHO				

5. 特殊な拗音を入力する時は前の平仮名と後ろの小さい文字を単独に入力する場合もよくあります。タイピングの効率を高め、どちらかの入力方法に限らなくてもいいと思います。

Section 3 仕事の実務

1. 录入内容：日语拗音录入

2. 录入时间：15 分钟

3. 录入文档：拗音录入 Excel 文档

★入力用

拗音	練習用	特殊拗音	練習用
きゃきぃきゅきょ		ふぁ	
ぎゃぎぃぎゅぎょ		ふぃ	
しゃしぃしゅしょ		ふぇ	
じゃじぃじゅじょ		ヴァ	
ちゃちぃちゅちょ		ヴィ	
にゃにぃにゅにょ		ヴォ	
ひゃひぃひゅひょ		でゃ	
びゃびぃびゅびょ		でぃ	
ぴゃぴぃぴゅぴょ		でゅ	
みゃみぃみゅみょ		ちぇ	
りゃりぃりゅりょ		てゅ	

や /ya/
野球 や きゅう
棒球

录入规则

　平仮名を入力する場合も各指をホームポジションから動くというルールを厳しく守ります。

左手

右手

Section 4　仕事の確認

問題1　単語内に「ゃ」「ゅ」「ょ」を含む平仮名を入力してみましょう。

いちりゅう	こうりゃく	さいちゅう
えんじょ	かいしゃ	ちゃいろ
じょうし	ちょうし	ぎゃくてん
しゅくだい	ふくしゅう	れんしゅう
べんきょう	しょくじ	きょうじゅ
きんぎょ	せんきょ	びょういん
ひょうじ	ぶんみゃく	やくしょく
りゃくしき	きゅうけい	じゅうし
しゃしん	にゅうりょく	ちょきん
じしょ	にょじつ	ひょうばん

問題2　以下のような漢字を入力してみましょう。入力後は Enter キー押して漢字変換を確定させてください。

牛乳（ぎゅうにゅう）	自転車（じてんしゃ）	助手（じょしゅ）
選手（せんしゅ）	邪魔（じゃま）	患者（かんじゃ）
条件（じょうけん）	中国（ちゅうごく）	蒟蒻（こんにゃく）
女房（にょうぼう）	表現（ひょうげん）	病気（びょうき）
平等（びょうどう）	百（ひゃく）	人脈（じんみゃく）
苗字（みょうじ）	省略（しょうりゃく）	彼女（かのじょ）
距離（きょり）	入学（にゅうがく）	社長（しゃちょう）
去年（きょねん）	遠慮（えんりょ）	習慣（しゅうかん）

問題3　単語内に「ぁ」「ぃ」「ぅ」「ぇ」「ぉ」を含む平仮名を入力してみましょう。

かふぇ	おぶじぇ	ふぁいと
くぃず	ふぇると	しぇあ
そふとうぇあ	でぃふぇんす	ぷろじぇくと
しぇふ	ふぉと	ヴィたみん
ふぇすた	しぇあ	ふぉと
あるじぇりあ	ちぇんじ	うぇぶ

問題4　カタカナで正しく次の外来語を入力してみましょう。

キャベツ	シャツ	チャンス
ファイル	キャラクタ	ドキュメント

タイピングスピードを上げるコツとは？

　ある程度、コンピューターのキーボードを見ないで打つことが出来るようになった後は、タイピングのスピードをそれ以上上げることは出来ないのでしょうか。

　実は、そこからもタイピングのスピードを上げることは可能です。そのためには、今度は自分の「不得意な部分」を認識することです。苦手なところを得意なところに変えられれば、格段にタイピングのスピードは上がります。

　例えば、小指に関してのキーが苦手というのでだったら、そのキーを重点的に練習することも一つです。また、ひらがな、漢字、カタカナはその程早く打てるのだけど、急に英字を入力することになるとスピードが遅くなる人もいます。その場合には、英字を集中してトレーニングを重ねれば、より早いタイピングをすることが出来るようになるのです。さらに、タイピングは早いのだけれど、その時誤字も多い人には、正確性の練習をすれば、さらに早いタイピングが出来るようになるでしょう。

仕事四
促音、撥音、長音の入力

Section 1 仕事への導入

　このステップでは促音、撥音、長音のタイピング方法を説明します。この三種類のタイピング方法はそれぞれ特徴があります。これらの入力方法を覚えておくと、実際に練習する場合は自分の思い通りにうまくやっていくでしょう。

Section 2 仕事の準備

入力コツ

1. 促音入力方法

　子音の重ね打ち

> 「っ」のうしろの子音（a、i、u、e、o以外）のアルファベットを2回続けて打ちます。たとえば、「切手」の場合は、「っ」の続く文字は「て」です。すると、後の子音のアルファベット T を2回続けて、「TTE」となります。

 「っ」の入力

例：「きって」 ──→ K I T T E

2. 撥音入力方法

N キーを打ちます。

> 「ん」の入力
>
> 一回か2回 N を打った、入力できます。

例：「こんど」：「KONDO」 K O N D O

　　「こんど」：「KONNDO」 K O N N D O

3. 長音入力方法

「ー」キーを打ちます。

> 外来語などを片仮名表記する時は、「ー」（長音）を使う場合もあります。「ー」という記号はキーボードの第二行の O キーの右側にあります。右手の小指で正しく入力してください。

例：カード　KA－DO

K A 「ー」 D O

Section 3 仕事の実務

1. 录入内容：促音、拨音、长音录入
2. 录入时间：15 分钟
3. 录入文档：促音、拨音、长音录入 Excel 文档

★入力用

単語	練習用	単語	練習用
がっこう		にんじん	
きって		ばんごう	
きっさてん		せんせい	
コップ		コーヒー	
ほっと		ラーメン	
いっしょ		バーゲン	
ちょっと		パーティー	
すっぱい		スペース	
せんもん		ホームページ	
かんたん		キー	
しんぱい		キーボード	

撥音・促音・長音
「ン」「ッ」「ー」

録入规则

　平仮名を入力する場合も各指をホームポジションから動くというルールを厳しく守ります。ローマ字でタッチタイピングする場合、打ちやすい位置にあるキーを覚えておくとスピードがアップできます。

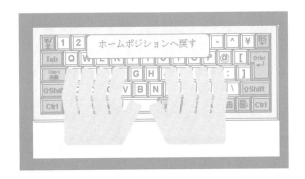

Section 4 　仕事の確認

問題1　次の単語を入力してください。入力したあと ENTER キーで文字を確定させてください。

①促音のタイピング訓練

せっきゃく	ざっし	けっせき
はっぴょう	いっしゅ	もっと
さっか	そっと	ちょっと
しゅっせき	にっぽん	けっこう
きって	りっぱ	はっきり
きっぷ	きっさてん	ぶっか
アルファベット	クリップ	ビッグ
マジック	ファッション	マッチ

②撥音のタイピング訓練

あんぜん	みんな	げんき
ふとん	ぎんこう	おんな
てんき	せんねん	かんばん
おんせん	いんかん	ぜんかい
そんち	たんにん	かんじん
きんべん	でんわ	まんが
たんご	しゅんじ	ほんね
パソコン	レストラン	プラン
シンポジウム	インク	スプーン
シャンハイ	パンダ	りんご

③長音のタイピング訓練

ギョーザ	チョコレート	ニュース
インタビュー	ミュージカル	デパート
パートナー	スピーチ	スポーツ
ラーメン	アンケート	エスカレーター
ブーム	エネルギー	インターネット
ホームページ	カード	サービス
キー	データ	コピー
ピーク	レコード	ピーマン
ボード	キーワード	ルール
スムーズ	データ	ローズ
ツール	モード	チョーク

問題2　以下のような漢字単語あるいは文を入力してみましょう。入力後は ENTER キーで文字を確定させてください。

①総合訓練一

日記（にっき）	頬っぺた（ほっぺた）	接待（せったい）
作家（さっか）	活発（かっぱつ）	結構（けっこう）
学科（がっか）	日程（にってい）	切符（きっぷ）
最も（もっとも）	結果（けっか）	結婚（けっこん）
取っ手（とって）	熱心（ねっしん）	喫茶店（きっさてん）
出発（しゅっぱつ）	一般（いっぱん）	暗唱（あんしょう）
新年（しんねん）	変換（へんかん）	確認（かくにん）
担当（たんとう）	寸劇（すんげき）	注文（ちゅうもん）
全体（ぜんたい）	人名（じんめい）	自分（じぶん）
番号（ばんごう）	文章（ぶんしょう）	質問（しつもん）

②総合訓練二

なまむぎなまごめなまたまご。

すももも もももも もものうち。

とうきょうとっきょ
きょかきょくちょうう。

あかぱじゃま、きぱじゃま、あおぱじゃま。

あかまきがみ、あおまきがみ、きまきがみ。

となりのきゃくはよくかきくうきゃくだ。

まじゅつしまじゅつしゅぎょうちゅう。

びょういん、びょういん、おもちゃ、おもちゃ。

おやおや、やおやのおやがいもやのおやか。

きしゃのきしゃがきしゃできしゃした。

ぼうずがびょうぶにじょうずにぼうずのえをかいた。

さくらさくさくらのやまのさくらはな、さくさくらありちるさくらあり。

しんじんかしゅしんしゅんしゃんそんしょう。

あいのあるあいさつはあまくあかるくあたたかい。

ひきにくいくぎ、ぬきにくいくぎ、ひきぬきにくいくぎ。

かえるぴょこぴょこみぴょこぴょこあわせてぴょこぴょこむぴょこぴょこ。

わかった？わからない？わかったら「わかった」と、わからなかったら「わからなかった」といわなかったら、わかったかわからなかったか わからないじゃないの。わかった？

豆知識

「ん」の入力

ローマ字入力で「ん」を入力するにはNNと2回押します（他の方法もありますが、ここでは取り上げません）。ただし、次にくる文字によってはNを1回押すだけで入力できる場合もあります。回数で言えばNだけで入力できることの方が多いので、「ん」をNで入力できればかなりの打鍵数を減少になります。

しかしNNで入力しなければならない場合もあるので、それを瞬時に察知できないと、かえって遅くなったり、ミスが増えたりします。「ん」をNNで入力しなければいけない場合は、具体的には次の3つです。

1. 次の文字が母音の場合

例：「かんい」はkanni。kaniだと「かに」になってしまいます。

2. 次の文字がな行（な行の拗音も含む）の場合

例：「そんな」はsonnna。sonnaだと「そんあ」になってしまいます。

例：「しんにゅう」はsinnnyuu。sinnyuuだと「しんゆう」になってしまいます。

3. 次の文字がや行の場合

例：「かんよう」はkannyou。kanyouだと「かにょう」になってしまいます。特に2のパターンは、名詞の末尾「ん」＋助詞「に」「の」や、形動名詞の末尾「ん」＋「な」（例：安全な、大変な）で頻出します。

IMEによっては自動的に補正してくれる場合もありますが、必ず補正してくれるわけではないので、やはり正しく入力することは重要です。

上記の3つパターン以外はNだけで入力できます。

仕事五　外来語の入力

Section 1　仕事への導入

レポート
or
リポート

コンピュータ
or
コンピューター

メール
or
メイル

★上の絵を見ながら、外来語を読んで
　ください。そして、どちらが正し
　いか分かりますか。

★その外来語の英語読み方が分ります
　か。

Section 2 仕事の準備

　外来語を入力するには、二つの方法があります。一つは入力モードを日本語にして、前習った清音・濁音・拗音などの入力方法で直接入力して、一つの言葉を入力してから、 Space キーを押せば、外来語になります。もう一つの方法は  の あ般 をクリックして、

になります。二行目の Full-width Katakana をクリックして、 になります。それは直接片仮名で入力できます。

　ここで注意点は外来語を入力する時、長音の「あ、い、う、え、お」と関係なく、全部「ー」で表示します。例えば、「ラーメン」（らあめん）を入力する時、「ら」を入力してから、続いて「ー」「め」「ん」を入力して、 Space キーを押すと、「ラーメン」になります。

Section 3 仕事の実務

1. 录入内容：常用外来语
2. 录入时间：15 分钟
3. 录入文档：外来语录入 Excel 文档

★入力用

日本語	英語	中国語	練習用
アイコン	icon	图标	
アクセス	access	访问	
アドレス	address	地址	
アプリケーション	application	应用程序	
エラー	error	错误	
エリア	area	区域（地区）	
キーボード	keyboard	键盘	
クライアント	client	客户	
クリック	click	点击	
グループ	group	组(群/聚合)	
コーディング	coding	编码	
コード	code	代码	
コピー	copy	拷贝	
コメント	comment	注释（评论）	
サーバー	server	服务器	
サイズ	size	尺寸	
サポート	support	支持	
システム	system	系统	
シリーズ	series	系列	
スピード	speed	速度	
セット	set	设定	

Section 4　仕事の確認

問題1　次の外来語を入力してください。

ポテト	アイロン	キー	アミノ
チーフ	オート	ムーン	ヨード
キッチン	モップ	ビスケット	スッピン
ノート	グアグア	テープ	サービス

問題2　次の外来語を入力してください。

コンピューター	クウェート	ウィーン
ソファー	クォーツ	ティー
ピッチャー	ディレクター	ジェット
メディア	ディスク	フィリピン
チェック	ツイッター	ウェブ

問題3　次の外来語を入力してください。

入力する片仮名	平仮名	ローマ字
クォーツ	くぉうつ	KUXOUTU
ツォルキン	つぉるきん	TUXORUKINN
ツイッター	ついったあ	TUXITTAA
トゥモローランド	とぅもろうらんど	TOXUMOROURANNDO
デュエマデッキ	でゅえまでっき	DEXYUEMADEKKI
クォンサンウ	くぉんさんう	KUXONNSANNU
デュブリ	でゅぶり	DEXYUBURI

問題4　次の国名を入力してください。

イギリス	イタリア	ギリシャ	スペイン
ハンガリー	ポルトガル	ロシア	韓国
中国	アフガニスタン	イラン	トルコ
エジプト	パキスタン	レバノン	インド
スリランカ	ネパール	バングラデシュ	インドネシア
マレーシア	カンボジア	タイ	フィリピン
ベトナム	カナダ	アメリカ	ハワイ
メキシコ	キューバ	ジャマイカ	ブラジル
タンザニア	マダガスカル	オーストラリア	モザンビーク

豆知識

Ｌ または Ｘ キーはできるだけ使わないようにしましょう。

極端な例ですが、たとえば、「百貨店（ひゃっかてん）」と入力する場合、すべての文字を Ｌ または Ｘ キーを使った場合と使わなかった場合と比べると、

（1） Ｌ または Ｘ キーをすべて使った場合、「HILYALTUKATEN」となり、13文字入力します。

（2） Ｌ または Ｘ キーを使わない場合、「HYAKKATEN」となり、9文字で済みます。

Section 1　仕事への導入

(̄o ̄お(̄O ̄や(̄ε ̄す(̄ ̄ ̄みぃ

お(^o^) や(^O^) す(^。^) みぃ(^-^)ゞ

ヾ(´○`　)お♪(´▽`)や♪(´ε`)す♪(´θ`)ノみ♪

(・O・。)お(・▽・。)や(・．・。)す(・ー・。)み

お(=^o^=) や(=^O^=) す(=^。^=) みぃ(=^-^)/~~ ニャー ♪

(*'O'*)お(*'▽'*)や(*'・'*)す(*'ー'*)み♪

★上記の顔文字を見ながら、どんな意味かわかりますか。

★顔文字をよく使いますか。可愛いと思いますか。

Section 2 仕事の準備

顔文字辞書

　パソコンを購入する際、顔文字辞書は無効になっています。言語バーの設定を変更して、顔文字辞書を有効にしましょう。

　※バーの右下［▼］をクリックして、一覧から［設定（E）］をクリックします。

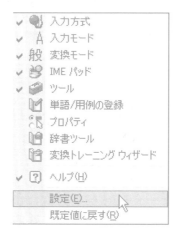

　※［テキストサービスと入力言語］ダイアローグボックスの［設定］タブの中央右下、［プロパティ（P）］ボタンをクリックします。

[Microsoft IME スタンダードのプロパティ]ダイアローグボックスの[システム辞書(Y)]の中から[Microsoft IME 話し言葉顔文字辞書]にチェックを付けます。

※[OK]ボタンをクリックします。

顔文字辞書を有効にしたら、早速顔文字を入力してみましょう。

顔文字を入力

※「かお」と入力して [Space] キーを数回押していくと、顔文字の候補が表示されます。

※ [Enter] キーを押すと、顔文字が入力できます。

無題 - メモ帳

ファイル(F) 編集(E) 書式(O) 表示(V) ヘルプ(H)

(^_^)

1 (*^。^*)
2 (*^_^*)
3 (^_^)
4 (^_^)
5 (*^_^*)
6 !(^^)!
7 (^^)
8 (#^_^#)
9 (^0_0^)

ショートカットキー

　ショートカットキーを使用すると、キーボードから手を離してマウスに持ち替える必要がないので、文書の編集を行っている場合などに効率よく作業を行うことができます。マウスを使用することが難しい方や、支援技術を使用して入力を行う方の手助けとなります。

使用するキー	操作
Alt + Tab	開いている別のプログラムまたはウィンドウに切り替えます
Alt + F4	アクティブな項目を閉じます。または、アクティブなプログラムを終了します
Ctrl + S	現在のファイルまたはドキュメントを保存します（ほんどのプログラムで使用できます）
Ctrl + C	選択した項目をコピーします
Ctrl + X	選択した項目を切り取ります
Ctrl + V	選択した項目を貼り付けます
Ctrl + Z	操作を元に戻します
Ctrl + A	ドキュメントまたはウィンドウスのすべての項目を選択します
F1	プログラムまたは Windows のヘルプを表示します

記号の入力

1. 記号入力の設定

言語バーの[入力モード]をクリックして、一覧から[直接入力（D）]をクリックします。

2. キーの左上の記号を入力するには

以下のようなキーの左上の記号を入力するには、入力モードを［直接入力］に設定した後、 Shift キーを押しながら記号のキーを押します。

記号	キー
？（クエスチョンマーク）	Shift ⬆ ＋ ？ ・ / め
＿（アンダー バー）	Shift ⬆ ＋ ￣ ＼ ろ
＝（イコール）	Shift ⬆ ＋ ＝ ほ

3. キーの左下の記号を入力するには

　以下のようなキーの左上の記号を入力するには、入力モードを［直接入力］に設定した後、直接記号のキーを押します。

記号	キー
／（スラッシュ）	
；（セミコロン）	
＠（アットマーク）	

4. キーの右上の記号を入力するには

　 Shift キーを押しながら記号のキーを押します。記号を入力できたら、 Enter キーを押して確定します。

記号	キー
・（中点）	
「（かぎかっこ）	
。（まる）	

Section 3 仕事の実務

1. 录入内容：颜文字

2. 录入时间：15分钟

3. 录入文档：颜文字录入 Excel 文档

★入力用

絵文字	練習用
(*´ｰ`)ﾆｺ	
(o´▽`o)ﾉ	
(´○`)	
(*´▽`)ﾉ	
(´▽`)/	
ﾍ(*´`*)ﾉ	
＼(´▽`)／	
ﾍﾞ(=´▽`=)ﾉ	
ﾍ(=´▽`=)ﾉ	
ﾍﾞ(@´▽`@)ﾉ	
(*´▽`*)	
o(*´▽`*)o♪	
(ﾉ_･｡)	
(ﾉ_-｡)	
(ﾉ△･｡)	

Section 4 仕事の確認

問題1　次の顔文字を入力してください。

① （o（ ̄ー ̄）o）　　ρ（－ε－ ）　　（*ˆ-ˆ）　　（ˆ○ˆ）　　（▼-▼*）

② （ ￣￣▽￣￣ ）　　〜♪ d（⌒o⌒）b♪〜♪　　●〜▽〜●）　　@〜▽〜@）

③（●ˇ▽ˇ●）　　（*T▽T*）　　（T△T）　　（T＿T）　　o（TˆT）o

④ o（T^To）　　（o（；△；)o）　　（；ヘ：）　　（TwT。）

⑤O（≧▽≦）O　　（ˆ◇ˆ*）　　（〃ˆ▽ˆ）　　（T-T*）ｧｧｧ…

問題2　次の文章をショートカットキーで操作してください。

　関東と関西の違うと言えば、よく言われるのは、エスカレーターの乗り方では、関東は右側を空けて乗るけれども、関西は左側を空けて乗るという違いです。買い物の価値観にも、違いが大きいのが有名でしょう。関東は高価なものを買って優越感を感じる人多いが、関西はどれだけお得な買い物ができたかを、他人に自慢話する人が多いという点で、価値観が違っています。

　①文章を入力してください。

　②ショートカットキーで文章を保存してください。

　③ショートカットキーで文章をコピーしてください。

　④ショートカットキーで文章を切り取りしてください。

　⑤ショートカットキーで文章を貼り付けてください。

豆知識

役に立つ特殊キー

F6 ・・・（全角ひらがなに変換）
F7 ・・・（全角カタカナに変換）
F8 ・・・（半角カタカナに変換）
F9 ・・・（全角英数に変換）
F10 ・・・（半角英数に変換）

▶ MS－IME（かな／漢字変換ソフト）で読めない文字の入力

入力の途中で読めない文字が出てきたらどうしますか？

次の熟語が読めないとして、入力することを考えてみましょう。

「海豚」「卑怯」「遥々」「疎か」「弛まぬ」

まず、「海豚」の場合は、一文字ずつなら読めますね。

だから、「うみ」と入力して変換。次に「ぶた」と入力して変換すれば入力できます。

つまり、どのような読み方でも、読むことができれば、入力できます。

しかし、どうしても読めない場合は次のような方法があります。

ここから、■をクリックして、下の表が出てきます。それから、■をクリックして、マウスで字を書けばいいです。

项目三
日文词汇综合录入

　　日本地名、人名、计算机专业术语是数据处理业务中常见的专业词汇。数据录入员在熟练掌握常用日文当用汉字的基础上，可以利用汉字的发音规律来解决地名、人名的录入问题。但即使日本人也很难记清楚每个地名、人名汉字的发音，所以，在日文数据录入业务中，要根据词汇出现的频率和应用范围，不断积累录入经验，提高业务技能。

仕事一
日本地名の入力

仕事への導入

★地球儀を見ながら、日本の位置について考えてください。

★都道府県、または主要な都市の地名、漢字、読み方が知っていますか。主要都市の魅
　力的な点は何だと思いますか。

Section 2 仕事の準備

　日本はアジア大陸の東側にあって、形の細長い島国です。日本列島は北海道、本州、九州、四国の四つの大きな島および数千以上の小さい島からなっています。

　日本の行政区画は1都（東京都）、1道（北海道）、2府（大阪府、京都府）と43県に分けられています。

　日本の地方区分は北海道、東北、関東、中部、近畿、中国、四国、九州、沖縄の9区分です。

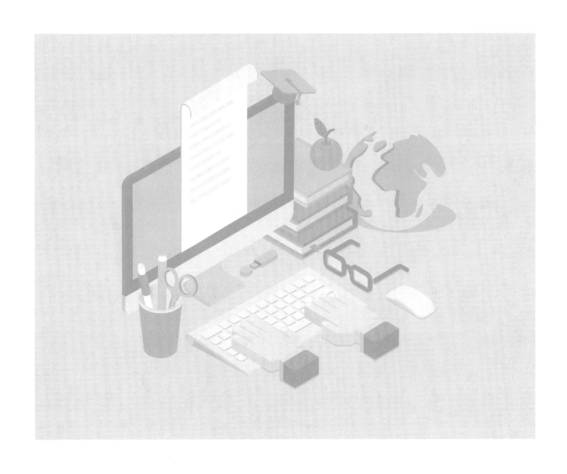

日本 47 都道府県名

地方名	都道府県名	ひらがな	地方名	都道府県名	ひらがな
北海道	北海道	ほっかいどう	近畿地方	三重県	みえけん
東北地方	青森県	あおもりけん		滋賀県	しがけん
	岩手県	いわてけん		京都府	きょうとふ
	宮城県	みやぎけん		大阪府	おおさかふ
	秋田県	あきたけん		兵庫県	ひょうごけん
	山形県	やまがたけん		奈良県	ならけん
	福島県	ふくしまけん		和歌山県	わかやまけん
関東地方	茨城県	いばらきけん	中国地方	鳥取県	とっとりけん
	栃木県	とちぎけん		島根県	しまねけん
	群馬県	ぐんまけん		岡山県	おかやまけん
	埼玉県	さいたまけん		広島県	ひろしまけん
	千葉県	ちばけん		山口県	やまぐちけん
	東京都	とうきょうと	四国地方	徳島県	とくしまけん
	神奈川県	かながわけん		香川県	かがわけん
中部地方	新潟県	にいがたけん		愛媛県	えひめけん
	富山県	とやまけん		高知県	こうちけん
	石川県	いしかわけん	九州地方	福岡県	ふくおかけん
	福井県	ふくいけん		佐賀県	さがけん
	山梨県	やまなしけん		長崎県	ながさきけん
	長野県	ながのけん		熊本県	くまもとけん
	岐阜県	ぎふけん		大分県	おおいたけん
	静岡県	しずおかけん		宮崎県	みやざきけん
	愛知県	あいちけん		鹿児島県	かごしまけん
			沖縄地方	沖縄県	おきなわけん

都道府県庁所在地

地方名	都道府県名	県庁所在地	ひらがな
北海道	北海道	札幌	さっぽろ
東北地方	青森県	青森	あおもり
	岩手県	盛岡	もりおか
	宮城県	仙台	せんだい
	秋田県	秋田	あきた
	山形県	山形	やまがた
	福島県	福島	ふくしま
関東地方	茨城県	水戸	みと
	栃木県	宇都宮	うつのみや
	群馬県	前橋	まえばし
	埼玉県	埼玉	さいたま
	千葉県	千葉	ちば
	東京都	東京	とうきょう
	神奈川県	横浜	よこはま
中部地方	新潟県	新潟	にいがた
	富山県	富山	とやま
	石川県	金沢	かなざわ
	福井県	福井	ふくい
	山梨県	甲府	こうふ
	長野県	長野	ながの
	岐阜県	岐阜	ぎふ
	静岡県	静岡	しずおか
	愛知県	名古屋	なごや

（続表）

地方名	都道府県名	県庁所在地	ひらがな
近畿地方	三重県	津	つ
	滋賀県	大津	おおつ
	京都府	京都	きょうと
	大阪府	大阪	おおさか
	兵庫県	神戸	こうべ
	奈良県	奈良	なら
	和歌山県	和歌山	わかやま
中国地方	鳥取県	鳥取	とっとり
	島根県	松江	まつえ
	岡山県	岡山	おかやま
	広島県	広島	ひろしま
	山口県	山口	やまぐち
四国地方	徳島県	徳島	とくしま
	香川県	高松	たかまつ
	愛媛県	松山	まつやま
	高知県	高知	こうち
九州地方	福岡県	福岡	ふくおか
	佐賀県	佐賀	さが
	長崎県	長崎	ながさき
	熊本県	熊本	くまもと
	大分県	大分	おおいた
	宮崎県	宮崎	みやざき
	鹿児島県	鹿児島	かごしま
沖縄地方	沖縄県	那覇	なは

日本の主要都市

都市名	ひらがな
東京	とうきょう
大阪	おおさか
名古屋	なごや
福岡	ふくおか
札幌	さっぽろ
広島	ひろしま
仙台	せんだい
京都	きょうと

录入规则

常见地名：根据已掌握的汉字发音规律，一次性正确录入地名的发音。

难读地名：将整个地名的发音分成几个单个汉字的发音，逐一录入。

手写输入：在日语输入法的手写框中，按住鼠标左键直接手写不认识的日文汉字即可。

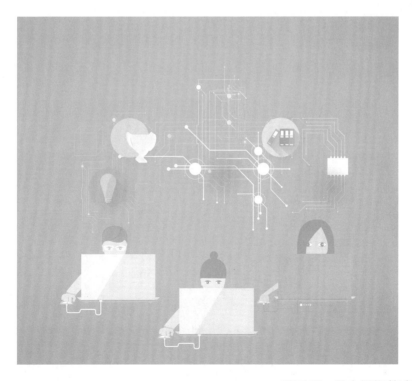

地名入力の手順

STEP 1 パソコンの画面の右下に配置されて、横に細長い棒のようなツールバーを操作します。

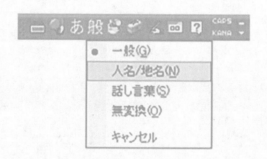

STEP 2 【般】という文字に注目してください。これは一般の般という意味です。通常はこちらを使います。では【般】をクリックしてみてください。

[人名 / 地名（N）]を選ぶと、【般】ではなかなか出てこなかった難しい地名がたくさん表示されて、住所録などを入力する時に使うと、とても便利です。

STEP 3 [人名 / 地名（N）]を選ぶと、【般】ではなかなか出てこなかった難しい人名がたくさん表示されて、年賀状などを入力する時に使うと、とても便利です。

Section 3　仕事の実務

1. 录入内容：日本都道府县、主要城市名称
2. 录入时间：20 分钟
3. 录入文档：日本地名录入 Excel 文档

　★入力用

日本都道府県名

地方名	都道府県名	ひらがな	練習用	練習用
北海道	北海道	ほっかいどう		
東北地方	青森県	あおもりけん		
	岩手県	いわてけん		
	宮城県	みやぎけん		
	秋田県	あきたけん		
	山形県	やまがたけん		
	福島県	ふくしまけん		
関東地方	茨城県	いばらきけん		
	栃木県	とちぎけん		
	群馬県	ぐんまけん		
	埼玉県	さいたまけん		
	千葉県	ちばけん		
	東京都	とうきょうと		
	神奈川県	かながわけん		
中部地方	新潟県	にいがたけん		
	富山県	とやまけん		
	石川県	いしかわけん		
	福井県	ふくいけん		
	山梨県	やまなしけん		
	長野県	ながのけん		
	岐阜県	ぎふけん		
	静岡県	しずおかけん		
	愛知県	あいちけん		
近畿地方	三重県	みえけん		
	滋賀県	しがけん		
	京都府	きょうとふ		
	大阪府	おおさかふ		
	兵庫県	ひょうごけん		
	奈良県	ならけん		
	和歌山県	わかやまけん		
中国地方	鳥取県	とっとりけん		
	島根県	しまねけん		
	岡山県	おかやまけん		
	広島県	ひろしまけん		
	山口県	やまぐちけん		

Section 4 仕事の確認

問題　Excel で次の難読地名を入力しましょう。

英田（あかだ）
衣摺（きずり）
水走（みずはい）
孔舎衙（くさか）
足代（あじろ）
日下（くさか）
意岐部（おきべ）
御厨（みくりや）
八戸ノ里（やえのさと）
巨摩橋（こまばし）
宝持（ほうじ）
御幸町（みゆきちょう）
大蓮（おおはす）
枚岡（ひらおか）
瓢箪山（ひょうたんやま）
弥刀（みと）
箕輪（みのわ）
京終（きょうばて）
杭全（くまた）
喜連瓜破（きれうりわり）
氷見（ひみ）

豆知識

★**東京**は、政治、経済、文化の中心地で、多様な業種の企業や人材が集積して、日本全国のあらゆる分野が集結した巨大都市です。東京の都市力は世界的にも高く評価されています。

★**大阪**は、西日本最大の都市で、関西の経済・文化の中心地で、首都東京に次ぐ都市として認識されています。

★**名古屋**は本州の真ん中に位置しています。世界レベルの先端技術を誇る自動車・航空機・ロボットなどの関連企業も集まっています。

★**京都**は日本の歴史と文化の首都です。京都は毎年 5000 万人以上の観光客が訪れる国際観光都市です。

★**福岡**は九州の北部にあり、福岡県の県庁所在地です。近年、人口規模は日本の市で 5 位、九州地方では最大の市です。

★**札幌**は北海道の政治・経済・文化の中心都市で、日本国内でも 4 番目に大きな都市であると同時に、地球上で 2 番目の豪雪都市です。札幌雪祭りは、毎年、大勢の観光客で賑わいます。

★**沖縄県**は、日本の南西部、かつ最西端に位置する県です。沖縄はその大部分が、国内でも珍しい亜熱帯気候に属しています。夏には最高気温は 33 ～ 34 度です。

仕事二
日本人名の入力

Section 1
仕事への導入

　日本は世界で最も苗字の種類が多い国の1つです。日本には、約29万種類の苗字があります。佐藤、鈴木など、苗字ランキング1〜10位の名字だけで、総人口の約10%をカバーしています。一方、「御手洗」「煙草」「風呂」など、日本人でも振り仮名がなければ読み方が分からず、珍しい名字もあります。

1位 佐藤		渡辺
2位 鈴木		山本
3位 高橋		中村
田中		小林
伊藤		加藤

Section 2 仕事の準備

　日本人名には発音の規則をきちんと覚えてしまえば、知らない人名でも簡単に読めます。

数多い人名漢字の読み方 1

人名		ひらがな
	佐藤	さとう
	武藤	むとう
	工藤	くどう
藤	藤本	ふじもと
	藤井	ふじい
	藤岡	ふじおか
	鈴木	すずき
鈴	鈴原	すずはら
	鈴村	すずむら
	木下	きのした
木	木村	きむら
	青木	あおき
	高橋	たかはし
高	高根	たかね
	高木	たかぎ / たかき
	岩橋	いわはし
橋	橋田	はしだ
	田山	たやま
田	吉田	よしだ
	池田	いけだ

（続表）

人名		ひらがな
中	田中	たなか
	中村 / 仲村	なかむら
	中島	なかじま
伊	伊藤 / 井藤 / 伊東	いとう
	井伊 / 伊井	いい
	井沢 / 伊沢	いざわ / いさわ
渡	渡辺	わたなべ
	渡部	わたべ
	石渡	いしわたり
山	山本	やまもと
	山田	やまだ
	山尾	やまお
本	松本 / 松元	まつもと
	坂本 / 阪本 坂元 / 阪元	さかもと
	江本	えもと
村	中村	なかむら
	村上	むらかみ
	古村	ふるむら
小	小林	こばやし
	小川	おがわ
	小泉	こいずみ
林	林原	はやしばら
	若林	わかばやし
	林田	はやしだ

（続表）

人名		ひらがな
加	加藤	かとう
	加山	かやま
	加納	かのう
島	小島 / 古嶋 小嶋 / 児島	こじま
	豊島 / 豊嶋	とよしま
福	福島	ふくしま / ふくじま
	福田	ふくだ / ふくた
	福村	ふくむら
	福谷	ふくたに
大	大田 / 太田	おおた
	大戸	おおと
	大山	おおやま
平	平田	ひらた / へいた
	平野	ひらの
	平井	ひらい
崎	山崎	やまざき
	川崎 / 河崎	かわさき
	宮崎	みやざき
岡	岡田	おかだ
	片岡	かたおか
	岡本 / 岡元	おかもと
谷	渋谷	しぶや
	谷口	たにぐち
	小谷	こたに

人名		ひらがな
宮	雨宮	あまみや
	宮尾	みやお
	宮田	みやた
川	小川	おがわ
	川中	かわなか
森	森川	もりかわ
	江森	えもり
	森田 / 守田 / 盛田	もりた
野	小野 / 尾野	おの
	中野 / 仲野	なかの
	佐野	さの
水	清水 / 志水	しみず
	水井	みずい
	水口	みずぐち
上	井上	いのうえ
	村上	むらかみ
	上田 / 植田	うえだ

入力ルール

常见地名：根据已掌握的汉字发音规律，一次性正确录入人名的发音。

难读地名：将整个人名的发音分成几个单个汉字的发音，逐一录入。

手写输入：在日语输入法的手写框中，按住鼠标左键直接手写不认识的日文汉字即可。

人名入力の手順

STEP 1 パソコンの画面の右下に配置されて、横に細長い棒のようなツールバーを操作します。

STEP 2 【般】という文字に注目してください。これは一般の般という意味です。通常はこちらを使います。では【般】をクリックしてみてください。

［人名／地名（N）］を選ぶと、【般】ではなかなか出てこなかった難しい人名がたくさん表示され、住所録などを入力する時に使うと、とても便利です。

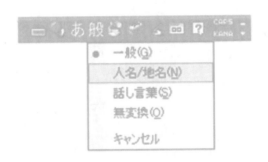

STEP 3 ［人名/地名（N）］を選ぶと、【般】ではなかなか出てこなかった難しい人名がたくさん表示され、年賀状などを入力する時に使うと、とても便利です。

Section 3　仕事の実務

1. 录入内容：常见日本人名 1
2. 录入时间：20 分钟
3. 录入文档：日本人名录入 Excel 文档

★入力用

数多い人名漢字の読み方 1

名前		読み方	練習用	練習用
藤	佐藤	さとう		
	武藤	むとう		
	工藤	くどう		
	藤本	ふじもと		
	藤井	ふじい		
	藤岡	ふじおか		
鈴	鈴木	すずき		
	鈴原	すずはら		
	鈴村	すずむら		
木	木下	きのした		
	木村	きむら		
	青木	あおき		
高	高橋	たかはし		
	高根	たかね		
	高木	たかぎ/たかき		
橋	岩橋	いわはし		
	橋田	はしだ		

Section 4　仕事の確認

問題　Excel で日本人名を入力してください。

数多い人名漢字の読み方 2

名前	読み方
吉田	よしだ
吉良	きら
吉見 / 良美 / 佳美	よしみ
吉川	よしかわ
山内	やまうち
内山	うちやま
大内	おおうち
松本 / 松元	まつもと
松田	まつだ
松島	まつしま
武藤	むとう
武井 / 竹井	たけい
武田 / 竹田	たけだ / たけた
吉武	よしたけ
三浦	みうら
三好	みよし
三上	みかみ
萩原	はぎわら
萩野	はぎの
柴田 / 芝田	しばた
柴崎 / 芝崎	しばさき
柴山	しばやま
鶴岡	つるおか
鶴田	つるた

名前	読み方
小菅	こすげ
菅井 / 須貝	すがい
菅原	すがわら
菅田	すがた
渋谷	しぶや
渋沢	しぶさわ
前田	まえた
前川	まえかわ
前原	まえはら
高尾	たかお
小関 / 尾関	おぜき
寺尾	てらお
瀬尾	せお
麻生	あそう
清宮	きよみや
清田	きよた
清水 / 志水	しみず
清野	きよの
玉井	たまい
玉城	たましろ
玉木	たまき
長浜	ながはま
浜中	はまなか
小浜	こはま
神	かみ
神崎	かんざき
神田	かんだ
塚本	つかもと
塚田	つかだ

名前	読み方
手塚	てづか
平塚	ひらつか
岩佐	いわさ
岩永	いわなが
大倉	おおくら
高倉	たかくら
矢口	やぐち
矢田	やだ / やた
深田	ふかだ
深井	ふかい
百瀬	ひゃくせ
瀬川	せがわ
広瀬	ひろせ
星野	ほしの
星川	ほしかわ
徳永	とくなが
徳島	とくしま
長島 / 永島	ながしま
新田	にった
新谷	しんたに
新村	しんむら
上条	かみじょう
東条	とうじょう
下条	しもじょう
久田	ひさた
久保	くぼ
久保田 / 窪田	くぼた
黒井	くろい
目黒	めぐろ

名前	読み方
大友	おおとも
長友	ながとも
滝田	たきた
滝本	たきもと
小滝	こたき
早坂	はやさか
早川	はやかわ
柳	やなぎ
柳原	やなぎはら
海老原	えびはら
倉持	くらもち
石倉	いしくら
木津	きづ
木谷	きたに
船木	ふなき

数多い人名漢字の読み方 3

名前	読み方
重松	しげまつ
熊田	くまた
塩沢	しおざわ
笹原	ささはら
福地	ふくち
丸田	まるた
神戸	こうべ
恩田	おんた
米倉	こめぐら
森島	もりしま
増井	ますい

名前	読み方
福沢	ふくざわ
五味	ごみ
辻村	つじむら
我妻	わがつま
梶田	かじた
真野	まの
船越	ふなこし
栗本	くりもと
湯川	ゆがわ
津村	つむら
梅木	うめき
矢崎	やざき
垣内	かきうち
郡司	ぐんじ
渥美	あつみ
稲村	いなむら
東山	ひがしやま
赤塚	あかつか
淵上	ふちがみ
梶山	かじやま
榊	さかき
宇田	うだ
安西	あんざい
国井	くにい
人見	ひとみ
向山	こうやま
丸岡	まるおか
伊勢	いせ
二村	にむら

名前	読み方
磯貝	いそがい
篠塚	しのづか
市野	いちの
板井	いたい
肥田	ひだ
魚住	うおずみ
彦坂	ひこさか
押田	おしだ
南川	みなみがわ
花村	はなむら
折笠	おりかさ
今中	いまなか
白戸	しらと
一柳	いちやなぎ
峰村	みねむら
弓削	ゆげ
国枝	くにえだ
蓮見	はすみ
箱崎	はこざき
柳下	やなぎした
生方	うぶかた
両角	もろずみ
増永	ますなが
鬼沢	おにざわ
池端	いけはた
祖父江	そぶえ
八木沢	やぎさわ
畠	はたけ

名前の由来

日本人の名前は約29万ほどあります。既に全く使用してない名前も含みます。そして、その名前の由来はいくつかの種類ありますが、地名からくるものが8割以上です。

1. 地名から由来の名前——寒河江、千葉、成田、日野、富士

2. 地形や風景に由来する名前——森、小林、原、小原、畑、小川

3. 方位や位置関係に由来する名前——東、西村、南、前、後

4. 職業に由来する名前——犬養、鳥飼、大蔵、荘司

5. 藤の付く名前——藤原、佐藤、伊藤、後藤、斉藤

6. 僧侶の名前——梵

7. 主君から賜った名前——伊木

8. 独特の由来を持つもの——二十里

珍しい苗字

漢字：

1. 妹尾　2. 五十川　3. 十河　4. 長内　5. 三瓶　6. 日下　7. 間　8. 纐纈　9. 興梠　10. 大日方　11. 遊佐　12. 三枝　13. 五月女　14. 寒河江　15. 酒匂　16. 宇賀神　17. 榛葉　18. 鷲見　19. 有働　20. 柘植

読み方：

1. せのお　2. いそかわ　3. そごう　4. おさない　5. さんぺい　6. くさか　7. はざま　8. こうけつ　9. こうろぎ　10. おびなた　11. ゆさ　12. さえぐさ　13. さおとめ　14. さがえ　15. さこう　16. うがじん　17. しんば　18. すみ　19. うどう　20. つげ

仕事三
パソコン用語の入力

Section 1　仕事への導入

　会社でよく使われる「Windows」の使い方、文書作成ソフト「Word」や表計算ソフト「Excel」の使い方など、人々には身につけられなければならないものです。よく使われるパソコン用語は初心者には必要な基礎知識です。

Section 2 仕事の準備

Word、Excel、および PowerPoint でファイルを開き、編集、保存、作成することができます。これから、よく使われるパソコン用語を解説します。

単語	読み方	中国語バージュンの名前
新規作成	しんきさくせい	新建
開く	ひらく	打开
ホームページ	/	主页
切り取り	きりとり	剪切
コピー	/	复制
貼り付け	はりつけ	粘贴
フォント	/	字体
段落	だんらく	段落
スタイル	/	样式
編集	へんしゅう	编辑
検索	けんさく	查找
置換	おきかえ	替换
選択	せんたく	选择
挿入	そうにゅう	插入
ハイパーリンク	/	超链接

Section 3 仕事の実務

1、录入内容：计算机日语常用词汇

2、录入时间：20分钟

3、录入文档：计算机日语词汇录入 Excel 文档

★入力用

単語	読み方	中国語	練習用	練習用
新規作成	しんきさくせい	新建		
開く	ひらく	打开		
ホーム	/	开始		
切り取り	きりとり	剪切		
コピー	/	复制		
貼り付け	はりつけ	粘贴		
フォント	/	字体		
段落	だんらく	段落		
スタイル	/	样式		
編集	へんしゅう	编辑		
検索	けんさく	查找		
置換	おきかえ	替换		
選択	せんたく	选择		
挿入	そうにゅう	插入		
ハイパーリンク	/	超链接		

Section 4 仕事の確認

問題　Excel でワードの基本的な用語を入力してください。

ホームのコマンド

タブ	単語	読み方	中国語バージュンの名前
	ホーム	/	开始
	新規作成	しんきさくせい	新建
	開く	ひらく	打开
	クリップボード	/	剪贴板
	切り取り	きりとり	剪切
	コピー	/	复制
	貼り付け	はりつけ	粘贴
	書式のコピー / 貼り付け	しょしきのコピー / はりつけ	格式刷
ホーム	フォント	/	字体
	段落	だんらく	段落
	スタイル	/	样式
	スタイルの変更	スタイルのへんこう	更改样式
	編集	へんしゅう	编辑
	検索	けんさく	查找
	置換	おきかえ	替换
	選択	せんたく	选择

挿入のコマンド

タブ	単語	読み方	中国語バージュンの名前
挿入	挿入	そうにゅう	插入
	ページ	/	页
	表紙	ひょうし	封面
	空白ページ	くうはくページ	空白页
	ページ区切り	ページくぎり	分页
	表	ひょう	表格
	図	ず	图片
	クリップアート	/	剪贴画
	図形	ずけい	形状
	スマートアート	/	智能图表
	グラフ	/	图表
	リンク	/	链接
	ハイパーリンク	/	超链接
	ブックマーク	/	书签
	相互参照	そうごさんしょう	交叉引用
	テキスト	/	文本
	テキストボックス	/	文本框
	ヘッダーとフッター	/	页眉和页脚
	ワードアート	/	艺术字
	署名欄	しょめいらん	签名行
	オブジェクト	/	对象
	記号 / 特殊文字	きごう / とくしゅもじ	符号

ページレイアウトのコマンド

タブ	単語	読み方	中国語バージョンの名前
	ページレイアウト	/	页面布局
	テーマ	/	主题
	配色	はいしょく	颜色
	フォント	/	字体
	効果	こうか	效果
	文字列の方向	もじれつのほうこう	文字方向
	余白	よはく	页边距
	印刷の向き	いんさつのむき	纸张方向
	サイズ	/	纸张大小
	段組み	だんぐみ	分栏
	区切り	くぎり	分隔符
	行番号	ぎょうばんごう	行号
	ハイフネーション	/	断字
ページ	原稿用紙	げんこうようし	稿纸
レイアウト	原稿用紙設定	げんこうようしせってい	稿纸设置
	ページの背景	ページのはいけい	页面背景
	透かし	すかし	水印
	ページの色	ページのいろ	页面颜色
	ページ罫線	ページけいせん	页面边框
	インデント	/	缩进
	間隔	かんかく	间距
	位置	いち	位置
	最前面へ移動	さいぜんめんへいどう	置于顶层
	最背面へ移動	さいはいめんへいどう	置于底层
	文字列の折り返し	もじれつのおりかえし	文字环绕
	グループ化	グループか	组合
	回転	かいてん	旋转
	配置	はいち	排列

参考資料のコマンド

タブ	単語	読み方	中国語バージョンの名前
参考 資料	参考資料	さんこうしりょう	引用
	目次	もくじ	目录
	テキストの追加	テキストのついか	添加文字
	目次の更新	もくじのこうしん	更新目录
	脚注の挿入	きゃくちゅうのそうにゅう	插入脚注
	文末脚注の挿入	ぶんまつきゃくちゅうのそうにゅう	插入尾注
	引用文献の挿入	いんようぶんけんのそうにゅう	插入引文
	文献目録	ぶんけんもくろく	书目
	相互参照	そうごさんしょう	交叉引用
	索引	さくいん	索引
	索引登録	さくいんとうろく	标记索引项
	引用文の登録	いんようぶんのとうろく	标记引文
	一覧の更新	いちらんのこうしん	更新表格
	引用文献一覧	いんようぶんけんいちらん	引文目录

差し込み文書のコマンド

タブ	単語	読み方	中国語バージュンの名前
	差し込み文書	さしこみぶんしょ	邮件
	挨拶文	あいさつぶん	问候语
	はがき印刷	はがきいんさつ	明信片印刷
	封筒	ふうとう	信封
	ラベル	/	标签
差し込み文書	宛先の選択	あてさきのせんたく	选择收件人
	アドレス帳の編集	アドレスちょうのへんしゅう	编辑收件人列表
	差し込みフィールドの強調表示	さしこみフィールドのきょうちょうひょうじ	突出显示合并域
	住所ブロック	じゅうしょブロック	地址栏
	ルール	/	规则
	フィールドの対応	フィールドのたいおう	匹配域
	複数ラベルに反映	ふくすうラベルにはんえい	更新标签
	結果のプレビュー	けっかのプレビュー	预览结果
	自動エラーチェック	じどうエラーチェック	自动检查错误
	完了	かんりょう	完成

校閲のコマンド

タブ	単語	読み方	中国語バージョンの名前
校閲	校閲	こうえつ	审阅
	スペル	/	拼写
	チェック	/	确认
	リサーチ	/	信息检索
	類語辞典	るいごじてん	同义词库
	コメント	/	批注
	削除	さくじょ	删除
	オプション	/	转换
	吹き出し	ふきだし	对话框
	変更履歴	へんこうりれき	修订
	繁体	はんたい	繁体
	簡体	かんたい	简体
	承諾	しょうだく	接受
	元に戻す	もとにもどす	拒绝
	変更箇所	へんこうかしょ	更改
	比較	ひかく	比较

表示のコマンド

タブ	単語	読み方	中国語バージュンの名前
	表示	ひょうじ	视图
	印刷レイアウト	いんさつレイアウト	页面视图
	全画面閲覧	ぜんがめんえつらん	阅读版式视图
	アウトライン	/	大纲视图
	下書き	したがき	草稿
	ルーラー	/	标尺
	グリッド線	グリッドせん	网络线
	ズーム	/	显示比例
	1ページ	/	单页
表示	2ページ	/	双页
	ページ幅を基準に表示	ページはばをきじゅんにひょうじ	页宽
	ウィンドウ	/	窗口
	整列	せいれつ	全部重排
	分割	ぶんかつ	拆分
	並べて比較	ならべてひかく	并排查看
	同時にスクロール	どうじにスクロール	同步滚动
	切り替え	きりかえ	切换
	マクロ	/	宏

マウスの操作に関する用語

アクション	定義
クリック	マウスを動かさずに、左マウスボタンを押して放す
クリック＆ホールド	左マウスボタンを押したまま放さない
左クリック	マウスの左ボタンを軽く1回押す操作。単に「クリック」と言う場合左クリックを指す
右クリック	マウスの右ボタンを軽く1回押す操作
ダブルクリック	マウスの左ボタンをすばやく2回続けて押す操作
ドラッグ	アイコンなどの上でマウスの左ボタンを押したままマウスカーソルを移動する操作
ドロップ	目的の場所までマウスカーソルをドラッグして、押さえていた左ボタンを離すこと

仕事四
日常生活用語の入力

Section 1　仕事への導入

　日常生活動作とは、人間が日常生活において繰り返す、基本的な活動のことです。それを基本的な日常生活動作能力と手段的日常生活動作能力に分けます。

　家庭における食事、更衣、入浴などの基本的な身体動作を「基本的日常生活動作能力」と呼びますが、交通機関の利用や電話の応対、買物、食事の支度、家事、洗濯など自立した生活を営むためのより複雑で多くの労作が求められる活動を「手段的日常生活動作能力」と呼びます。

　日常生活でよく使われる日本語を暗記して、入力しましょう。

Section 2 仕事の準備

★交通工具类词汇

公共交通機関とは一体どういうものであろうか。一般的には、誰もが運賃を払えば乗車できる乗り物を指します。

・飛行機
・電車
・モノレール
・バス
・タクシー
・フェリー

などが挙げられます。

仮名	漢字	意味
ふね	船	船
ひこうき	飛行機	飞机
ちかてつ	地下鉄	地铁
きしゃ	汽車	火车
れっしゃ	列車	列车
しんかんせん	新幹線	新干线
とっきゅう	特急	特快
きゅうこう	急行	快车
ふつう	普通	慢车
かんこうバス	観光バス	游览车
しょくどうしゃ	食堂車	餐车
しんだいしゃ	寝台車	卧铺车
タクシー	/	出租车
バス	/	公交车
モノレール		单轨（铁路）
フェリー		渡轮

★食品类词汇

健康維持に欠かせないのが、質のよい睡眠、適度な
運動、そして栄養バランスが取れた食事です。しかし
現代人の食生活では、主食に加え、肉・魚が中心にな
ることが多く、野菜や果物はどうしても不足しがちで
す。

仮名	漢字	意味
ぶどう	葡萄	葡萄
いちご	苺	草莓
かき	柿	柿子
すいか	西瓜	西瓜
みかん	蜜柑	柑橘
なし	梨	梨
もも	桃	桃子
すもも	李	李子
ゆず	柚	柚子
りゅうがん	竜眼	龙眼
なつめ	棗	枣
りんご	/	苹果
さくらんぼ	/	樱桃
パイナップル	/	菠萝
レモン	/	柠檬
オレンジ	/	橘子
バナナ	/	香蕉
メロン	/	甜瓜

仮名	漢字	意味
きゅうり	胡瓜	黄瓜
はくさい	白菜	白菜
だいこん	大根	萝卜
たまねぎ	玉葱	洋葱
にんじん	人参	胡萝卜
なす	茄子	茄子
ねぎ	葱	葱
じゃがいも	じゃが芋	土豆
しょうが	生姜	生姜
えだまめ	枝豆	毛豆
きくらげ	木耳	木耳
にら	韮	韭菜
とうがらし	唐辛子	辣椒
ゆり	百合	百合
にんにく	大蒜	大蒜
れんこん	蓮根	藕
やまいも	山芋	山药
あぶらな	油菜	油菜
ほうれんそう	/	菠菜
しいたけ	/	香菇
トマト	/	西红柿
パセリ	/	香菜
セロリ	/	芹菜
カボチャ	/	南瓜
ピーマン	/	青椒
キャベツ	/	圆白菜

仮名	漢字	意味
ていしょく	定食	套餐
ぎゅうどん	牛丼	牛肉盖饭
すきやき	すき焼き	日式牛肉火锅
うなじゅう	うな重	鳗鱼饭
やきにく	焼肉	烤肉
つけもの	漬物	咸菜
みそしる	味噌汁	酱汤
すし	寿司	寿司
さしみ	刺身	生鱼片
おにぎり	/	饭团
ハム	/	火腿
てんぷら	/	天麸罗
うどん	/	乌冬面
そば	/	荞麦面
ラーメン	/	拉面
カレーライス	/	咖喱饭
サラダ	/	沙拉
ピザ	/	披萨
ハンバーガー	/	汉堡包
サンドイッチ	/	三明治
コーヒー	/	咖啡
ジュース	/	果汁
コーラ	/	可乐
スープ	/	汤
ビール	/	啤酒
ヨーグルト	/	酸奶
アイスクリーム	/	冰淇淋
プリン	/	布丁
ウィスキー	/	威士忌
ワイン	/	葡萄酒

★身体类词汇

生物の種によって、多種多様な体の特徴があり、どの種にも共通する体の構造というものは皆無に等しいです。例えば人体は頭、手、足、目、鼻、口、耳や諸々の内臓といったさまざまな器官を持つが、これらは全ての生物に共通するわけではありません。

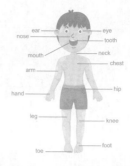
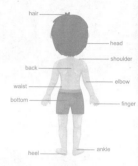

仮名	漢字	意味
からだ	体	身体
あたま	頭	头
かみのけ	髪の毛	头发
みみ	耳	耳朵
め	目	眼睛
まぶた	瞼	眼皮
はな	鼻	鼻子
かお	顔	脸
ほお	頬	脸颊
くち	口	嘴
は	歯	牙齿
くび	首	脖子
あご	顎	下巴
した	舌	舌头
まゆげ	眉毛	眉毛
くちびる	唇	唇
かた	肩	肩膀
せ	背	个头
せなか	背中	后背
はだ	肌	皮肤
はら	腹	肚子
のど	喉	喉咙
しんぞう	心臓	心脏
へそ	臍	肚脐
こし	腰	腰
ひじ	肘	胳膊肘

うで	腕	手腕
て	手	手
ゆび	指	手指
ゆびさき	指先	指甲
むね	胸	胸
もも	腿	大腿
あし	足	脚
ひざ	膝	膝盖

★病症类词汇

健康はお金よりも時間よりも圧倒的に大事です。病気になったときは、だれもが健康の大切さを痛感するものです。

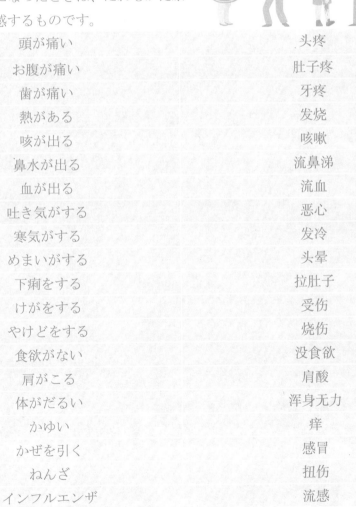

頭が痛い	头疼
お腹が痛い	肚子疼
歯が痛い	牙疼
熱がある	发烧
咳が出る	咳嗽
鼻水が出る	流鼻涕
血が出る	流血
吐き気がする	恶心
寒気がする	发冷
めまいがする	头晕
下痢をする	拉肚子
けがをする	受伤
やけどをする	烧伤
食欲がない	没食欲
肩がこる	肩酸
体がだるい	浑身无力
かゆい	痒
かぜを引く	感冒
ねんざ	扭伤
インフルエンザ	流感

★房间类词汇

住宅においては、主に 3 つの空間に分割され
ます。「個人的な生活空間」「共同的な生活空
間」「生活にともなう行為を行う空間」です。
「個人的な生活空間」とは、「寝室」「書斎」「子
供部屋」など、「共同的な生活空間」とは「居間」
「客間」「食堂」など、「生活にともなう行為
を行う空間」とは「台所」「浴室」「便所」「玄
関」「廊下」などです。

仮名	漢字	意味
げんかん	玄関	大门
ふろば	風呂場	浴室
せんめんじょ	洗面所	洗漱间
だいどころ	台所	厨房
しょくどう	食堂	饭厅
いま	居間	起居室
しんしつ	寝室	卧室
ろうか	廊下	走廊
トイレ	/	厕所
ベランダ	/	阳台

入力ルール

常见词汇：根据已掌握的汉字发音规律，一次性正确录入日文词汇的发音。
难读词汇：将整个词汇的发音分成几个单个汉字的发音，逐一录入。
手写输入：在日语输入法的手写框中，按住鼠标左键直接手写不认识的日文汉字即可。

Section 3 仕事の実務

1. 录入内容：交通工具、食品、身体、房屋类词汇

2. 录入时间：50 分钟

3. 录入文档：生活日语词汇录入 Excel 文档

★入力用

交通機関

仮名	漢字	意味	練習用	練習用
ふね	船	船		
ひこうき	飛行機	飞机		
ちかてつ	地下鉄	地铁		
きしゃ	汽車	火车		
れっしゃ	列車	列车		
しんかんせん	新幹線	新干线		
とっきゅう	特急	特快		
きゅうこう	急行	快车		
ふつう	普通	慢车		
かんこうバス	観光バス	游览车		
しょくどうしゃ	食堂車	餐车		
しんだいしゃ	寝台車	卧铺车		
タクシー	/	出租车		
バス	/	公交车		
モノレール		单轨（铁路）		
フェリー		渡轮		

▶ ▶| 交通機関 ╱ 果物 ╱ 野菜 ╱ 食べ物 ╱ 体・病気 ╱ 部屋 ╱ 任務確認 ╱ ◁□

Section 4 仕事の確認

問題　絵を見て、Excel で適当な単語をローマ字で入力してください。

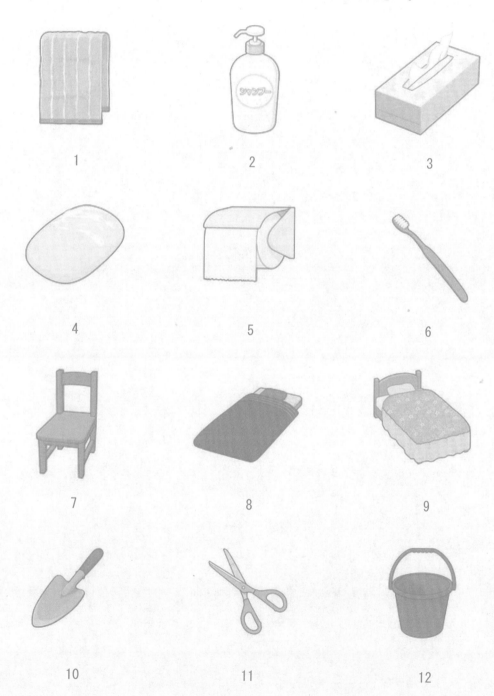

1

2

3

4

5

6

7

8

9

10

11

12

13

14

15

16

17

18

19

20

21

22

23

24

25

26

27

28

29

30

31

32

33

34

35

36

37

38

39

40

41

42

43

44

45

46

47

48

49

50

51

52

53

54

55

56

57

58

59

60

61

62

63

64

65

66

67

68

69

70

71

72

73

74

75

そのほかに、生活に関する単語を自由に入力してください。

仕事五
日本語文章の入力

Section 1　仕事への導入

浅田真央が今季初戦でSP2位発進、3回転半は回避

日刊スポーツ　10月7日（金）

　浅田真央（26＝中京大）が、今季初戦のSPで64.87点をマークし、首位のボゴリヤ（ロシア）と4.63点差の2位につけた。

　冒頭のジャンプで、トリブルアクセル（3回転半）を回避し、2回転半にして成功。続く3回転フリップ、2回転ループの連続技も決めたが、後半の3回転ループはやや乱れた。だが、スピンはすべて最高のレベル4にそろえ、終盤の華麗なステップでも魅せた。演技後は、満足そうな笑顔を浮かべた。

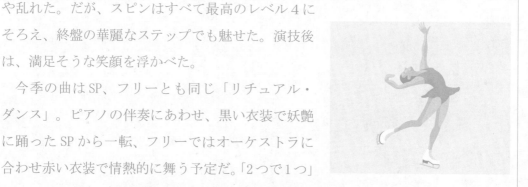

　今季の曲はSP、フリーとも同じ「リチュアル・ダンス」。ピアノの伴奏にあわせ、黒い衣装で妖艶に踊ったSPから一転、フリーではオーケストラに合わせ赤い衣装で情熱的に舞う予定だ。「2つで1つ」という演技を、フリーで完成させる。

★日本のニュース記載は中国との異同はなんでしょうか。

Section 2 仕事の準備

文書作成においては、必ず編集という作業が不可欠です。

まず編集を加えたい部分（文字・行・段落など）をドラッグ（選択）あるいはクリックすること、それによって、どこに編集を加えるのかということをパソコンに教えることが、まず第一です。

ワード文書　新規作成の初期

設定用紙：A4

書体：MS明朝（みんちょう）

文字サイズ：10.5ポイント

行数：40行

余白：左右下　30mm　上　35mm

文書作成の流れ

STEP 1 文字を入力　入力・変換・改行のみの「べた打ち」入力です。

STEP 2 ページ設定　用紙の大きさ・余白・行数などの設定です。（まずページ設定を行ってもよい）

STEP 3 編集　文字への装飾・文字の移動・図の挿入などをします。

STEP 4 印刷　作成した文書をパソコンに保存または必要に応じて印刷します。ホームボタンをクリックして、「印刷」または「名前をつけて保存」をします。

編集のコツ

文書作成の流れは、それぞれ前後することもあり、行う順番も基本的には自由です。文字入力の追加もいつでもできます。しかし文字を入力しながら編集作業をすると、かえって手間がかかります。全部入力した後に編集を行ったほうが、効率的だと考えます。

①日语电子邮件主要包括：地址栏、件名、邮件正文、附件等。

②主要以书信为参照对象，电子邮件有如下特点：

a 简洁明了。

b 较少使用文言语句，多使用通俗易懂的语句。

c 一封邮件大都只说明一件事或几件有关联的事项，不同的事或关联不大的事项要分成不同的邮件发送。

d 邮件中寒暄语、客套话等相对较少，大多使用较简单的礼貌用语，或直奔主题。

①录入电子邮件地址时，要注意汉字、假名、英文的切换。

②邮件开头要说清楚是发给谁的，一般在对方的姓之后加"様"或"殿"，但是通常后边不跟冒号。

例　文

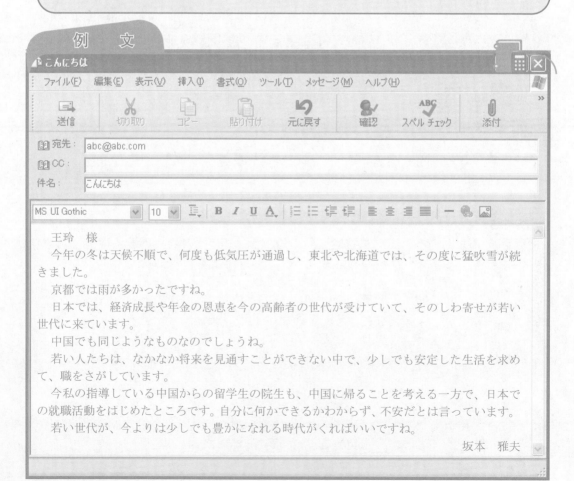

ファイル(F)　編集(E)　表示(V)　挿入(I)　書式(O)　ツール(T)　メッセージ(M)　ヘルプ(H)

送信　切り取り　コピー　貼り付け　元に戻す　確認　スペル チェック　添付

宛先：　abc@abc.com

CC：

件名：　こんにちは

MS UI Gothic　10　B I U A

王玲　様

　今年の冬は天候不順で、何度も低気圧が通過し、東北や北海道では、その度に猛吹雪が続きました。

　京都では雨が多かったですね。

　日本では、経済成長や年金の恩恵を今の高齢者の世代が受けていて、そのしわ寄せが若い世代に来ています。

　中国でも同じようなものなのでしょうね。

　若い人たちは、なかなか将来を見通すことができない中で、少しでも安定した生活を求めて、職をさがしています。

　今私の指導している中国からの留学生の院生も、中国に帰ることを考える一方で、日本での就職活動をはじめたところです。自分に何かできるかわからず、不安だとは言っています。

　若い世代が、今よりは少しでも豊かになれる時代がくればいいですね。

坂本　雅夫

入力ルール

①**大量使用省略形式**

在日语新闻报道中，经常采用大量省略某句子成分的写作形式，尤其是省略句末动词的现象非常多，从而使报道文章简洁、紧凑。

②**几乎不使用人称代词**

在日语的新闻报道中，"彼"和"彼女"这样的人称代词几乎是见不到的。在同一篇文章中，写某人时，哪怕是出现两三次，也都是重复写那个人的姓氏或职衔，而不称"彼""彼女"。

例　文

センター試験で電卓は勘違い？

センター試験「簿記・会計」電卓不正の6人は勘違い？検定は使用OK

　所持品の周知を徹底、再発防止を図る

　15日に実施された大学入試センター試験で、北海道内の受験生6人が試験場への持ち込みが禁止されている電卓を使い、不正行為と認定された。関係者は「試験対策の事前講習や民間の簿記検定で電卓を使うことがあるため、勘違いしたのではないか」との見方を示している。大学入試センターは今後、所持品について周知を徹底するとともに、不正が起きた試験会場の状況も調べ、再発防止を図る方針だ。（北海道新聞）

① 文章较长且多为书面语，词汇的难度较高。

② 文章构成清楚，句子成分俱全，在录入时可以整句录入。

例　文

　危篤状態に陥った動物が生きていけるために、彼女は世界各国に駆け回り、募金運動をして、援助を求めて、動物を守ろうと人々に呼びかけています。この人は私です。

　危篤状態に陥った動物を守るボランティアの一員になるのは小さい頃からの夢でした。これは私小さい頃から動物が好きだからです。近年来、たくさんの野生動物が人類の無責任で殺されて、少なくなってきたからです。こういう情報はいろんな媒介により私の頭に入りました。鯨が残酷に殺されたことを聞くたびに、北極熊は自分が生きていけるために、自分の子供を丸呑みにして、そういう血まみれなテレビ画面を見るたびに、体全身がぞっとするような気

が今までありませんでした。無数の冷たい触角に纏まれたように息が続きません。もし十年後、あなたは何になりたい、何ができるかと聞かれたら私は必ず危篤状態に陥った動物を守るボランティアの一員になり、私の好きな北極熊のために自分のできる限りのことをします。

Section 3　仕事の実務

1.录入内容：日本新闻录入

2.录入时间：20 分钟

3.录入文档：日本新闻录入 Word 文档

永遠の命は「かなわぬ夢」か、米研究

「AFP ＝時事」人の寿命の「上限」を発見したとする研究論文が 5 日、発表された。この研究結果を受け、記録史上最も長生きした人物の 122 歳という金字塔には、誰も挑戦しようとすらしなくなるかもしれない。

米アルバート・アインシュタイン医科大学（Albert Einstein College of Medicine）の研究チームは、世界 40 か国以上の人口統計データを詳細に調べ、長年続いた最高寿命の上昇が 1990 年代に、すでにその終点に「到達」していたことを突き止めた。

Section 4　仕事の確認

問題 1　Word で次の長文を入力してください。

文章 1

　各位

いつもお世話になっております。

通訳翻訳舎の田中です。

　表題の件につきまして、クライアント様より簡体字 LQA 案件の依頼をいただいております。

　下記詳細を記載致しましたので、こちらの案件にご興味がある方がいらっしゃればご連絡いただけますでしょうか。募集人数は簡体字ネイティブの方 2 名となります。

【シュミレーションゲーム LQA (簡体字)】計 2 名	
ジャンル	シュミレーションゲーム
言語・人数	簡体字ネイティブ 2 名
場所	デジタルハーツ大阪 Lab ※オンサイト作業
期間	2017 年 2 月 2 日(木)〜 2017 年 2 月 22 日(水)15 営業日
土日祝日稼働	可能性あり
作業期間延長	可能性あり
時間	10:00 〜 19:00 (実動 :8h) ※残業の可能性あり
時間単価	1400 円 / 時間
交通費	別途支給
仕事内容	簡体字の実機上での言語チェック (必要な場合、テキストチェックの可能性もあり) 対象ハード : iPhone/Android
条件	・修正個所を管理者に報告する際に日本語のコミュニケーション能力が必要 ・本ジャンルにご興味がある方歓迎

　ご広募願える場合は履歴書を添えてご連絡ください。ご質問、ご不明点等ございましたら、ご忌憚無くご連絡いただければ幸いです。
　よろしくお願い致します。
　通訳翻訳舎　　田中

文章 2

　皆さんのご存じたように、数年前、砕氷船で北緯75度の北へ行けなく、今日は小舟で簡単で北緯85度の北に行けます。数年前、2万匹の北極熊は北極の溶けている氷の上に苦しく生きていましたが、今阿拉斯加地区の北極熊がすでにいなくなり、北極中に生きている北極熊の数は7000匹足らずです。数年前、北極ボスの北極熊が冷たい海で頑張った泳いでいて、十日間ぐらい一食満腹に食べられますが、今浮いている氷を離れろと、体力が消耗しきるまで次の氷を見つけるかどうかも分かりません。多分水の中に飛び込んでいたら、もう上がってこないかもしれません。数年前、偶然に北極熊の殺し合いをみてびっくりしましたが、今北極熊は自分の子供を丸呑みにする画面は私たちの目の前にひっきりなしに出ていても無視されています。

　私はこれに直面する勇気はありません。北極は想像よりそんなに寒くないです。温室効果はすでに北極の氷山を溶かし、海になりました。私は何ができる？全世界の人々が何ができる？科学技術は高度に発展して、生活が豊かな今日でも、人類が依存している環境、同じ地球に生きている生命が離れられないのを意識した時、必ず自分の犯した罪に代価を払うことになります。

　今の生活様式は我々未来の生存環境を左右しています。北極熊の運命は、地球上のすべての命、我々人人実行して大切にしなければなりません。

　皆さん、可愛い北極熊と一生いられるために、今から、私から省エネ生活に力を入れ、きれいな環境を作りましょう。

文章3

尾崎先生

こんにちは。

先日来、先生にはお忙しいのにお手間をおかけし恐縮です。

ところで、先日お話ししておりました小生宅へお越しいただく件ですが、7月3日（日）はいかがでしょうか？

お昼をご一緒しながらお話ができればと思っております。先生のご都合をお聞かせいただければ幸いです。

小峰　康介

文章4

在南极，中国科考队把隔壁邻居馋哭了

原创 人民網日本語版　人民网日文版　2022-03-16 17:02

　　雪と氷の世界の南極で新鮮な野菜を食べたければどうすればいいだろうか。その答えは、中国の南極基地に行くだけでいい。

　　2014年までは、新鮮な野菜の供給は、中国の南極科学観測隊を苦しめる大問題だった。南極が長い冬に入ると、科学観測隊員は白菜など数種類の野菜のみで越冬しなければならなかった。南極に野菜がなければどうするか？自分で植えれば良い。第31次国家南極科学観測任務に参加した医師の王征氏は、南極で野菜を栽培するという大事業に取り組んだ。

南极科考队蔬菜温室实验室

文章5

　大学に入ると共に、日本語との付き合いも始まりました。今でちょうど一年になりました。この一年を通じて、日本語及び日本に対しての態度も変わってきました。幼い頃から日本のアニメにずっと関心を持っていましたが、日本語を勉強しようという考えが全然ありません。日本のことにも見れども見えない状態でした。しかし、日本語を勉強して以来、私はだんだん言葉の魅力に感じられ、この民族にも関心を持つようになりました。

　日本語は発音がとてもきれいです。初めて日本人先生の話を聞いた時、私がびっくりしました。日本語は柔らかくて、美しいメロディーが流れるような気がします。私は先生のうまい話し振りについ引き込まれました。今は振り返てみると、それをきっかけにして、日本語の勉強に興味が持つようになったでしょう。外国語を上手に話せるには発音の練習はとても大切なことだと思っています。このために、私が朝自習を利用して、大きな声で五十音図と早口言葉を練習していました。初めて先生と同級生の前に早口言葉を言った時、彼らの表情が今まではっきり覚えています。みんな頷いて「すごいね」と褒めてくれました。その時から自信が湧いてきました。今後もっと努力して、もっと上手に話せるようにとひそかに決意しました。今では早口言葉が上手に話せるようになりました。例えば「生麦生米生卵、青巻紙赤巻紙黄巻紙長巻紙」。

　日本語に対する理解が深くなるに伴って、日本語はきれいだけでなく、その面白さに気が付きました。偶然にこのことを耳にしました。ある人は不注意で隣に座っている人にぶつかりました。彼は冗談まじりで「私たちはお知り合いですね」と言いました。ひとつの単語は全く違う意味がありますが、面白いでしょう。また、言葉の表現が婉曲で非常に曖昧です。それは私を

一番引き付ける所です。例えば、中国人ははっきり「この人は悪い」という場合があり
ますが、日本人は「まぁね、ちょっと……」と言います。その他に、電話に出て、人の
声をはっきり聞こえない場合、日本人はよく「お電話はちょっと遠いですが、もう一度
お願いします」と言います。「声が小さくて、大きな声でよろしいでしょうか」とあま
り言わないです。固い表現じゃなくて、婉曲に富んだ言葉遣いは人の感情を傷けませ
ん。いつでも相手の立場に立って、物事を考えるのは日本人の特徴ではないでしょう
か。確かに、言葉は心からの声です。言葉から民族性格が見え、そして、その中から日
本の文化も理解できます。

　言葉から日本人の内心世界が窺われると同時に、日本社会が深く理解できます。言葉
の勉強を通じて、国際的な視野を広げ、他国の文化も理解できます。ここから、日本語
をもっと好きになって、日本文化にも熱中になりました。『菊と刀』という本の中にこ
のように書かれていますが、「強気がある反面優しい所もあり、武力に凝る反面美意識
があり、気が荒い一方礼儀正しい」。日本人はこんなに矛盾的な国民性を持っているか
らこそ、魅力に富むのではないでしょうか。そこで、心が引き付けられて、もっと知り
たいような気になりました。私は図書館へ行って、日本文化に関連する資料を調べまし
たが、浅いことしか分かりませんでした。それにしても、日本文化の話になると、私は
いつも夢中になって、話が止まりません。

　日本語を通じて、新たな世界を踏んで、そこで、自信が湧いてきて、人生の目標を立
てました。いつかのうちに、日本語が上手にマスターでき、その言葉及び日本文化の魅
力がもっと深く感じられると信じています。

文章6

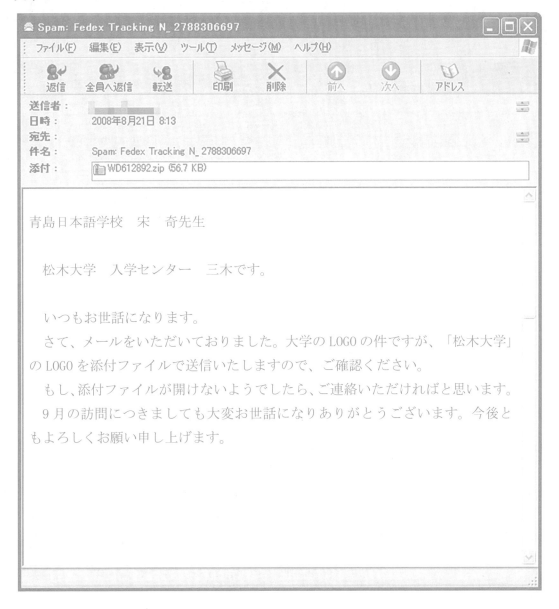

青島日本語学校　宋　奇先生

　松木大学　入学センター　三木です。

いつもお世話になります。
　さて、メールをいただいておりました。大学のLOGOの件ですが、「松木大学」
のLOGOを添付ファイルで送信いたしますので、ご確認ください。
　もし、添付ファイルが開けないようでしたら、ご連絡いただければと思います。
　9月の訪問につきましても大変お世話になりありがとうございます。今後と
もよろしくお願い申し上げます。

文章 7

飲食店内や駅構内原則禁煙に喫煙──受動喫煙対策

読売新聞 1/16（月 ）

非喫煙者もたばこの煙を吸い込む「受動喫煙」への対策を盛り込んだ健康増進法改正案の概要が 16 日、明らかになった。

飲食店内は原則禁煙とするが、喫煙室の設置を認め、悪質な違反者には過料を科すことなどが柱になっている。政府は 20 日召集の通常国会に改正案を提出する方針だ。

改正案では、医療機関や小中学校などは敷地内を全面禁煙とした。大学や官公庁は屋内を全面禁煙としたが、屋外での喫煙は容認した。飲食店や駅構内なども屋内原則禁煙としたが、喫煙室の設置を認めた。

不特定多数の人が利用する官公庁や公共交通機関などの施設管理者に、（1）喫煙禁止場所であることを掲示する（2）喫煙が禁止されている場所に灰皿などを置かない（3）禁止場所で喫煙した人に中止求めるよう努める──などの責務を課すことも明記する。違反した喫煙者や施設管理者には、都道府県知事など勧告や命令などを出し、改善しない場合過料を科す。

文章 8

文章 9

アラブ首長国連邦（UAE）のドバイで開催されていた国際博覧会（ドバイ万博）が3月31日、半年間の会期を終えて閉幕し、「中国の光」（The Light of China）と命名された中国館も閉館した。会期中、各パビリオンを取材したエルサルバドルのメディア関係者のエドソン・メラーラさんは、中国館に深い印象を受けたという。

扇を使った太極拳、竜舞や獅子舞、書道、切り紙などのパフォーマンスから、高速鉄道の試乗シミュレーション、宇宙探査、スマートシティ体験まで、さまざまなプログラムのうち、メラーラさんが最も強く興味を覚えたのはテクノロジー感満載の双方向プログラムで、「たとえば、スマート生活展示エリアでは、来場者はエントランスで固有のQRコードをもらい、それを読み込ませてインタラクティブな活動を行い、未来のスマート生活を体験できた」という。

中国館は「人類の運命共同体を構築―イノベーションとチャンス」をテーマに、「共通の夢」、「共通の地球」、「共通のふるさと」、「共通の未来」の4つの切り口で展示が行われた。ドバイ博で展示面積の大きい外国館の1つであり、最も人気があるパビリオンでもあった。展示期間中の来場者は累計で延べ176万人を超えたという。

　　会期中、中国館は開館式典や中国国家館デーなどの重要イベントを開催し、中国24省・自治区・直轄市と3千社を超える企業を組織してオンラインとオフラインが結合したスタイルで展示、PRイベントや商談会、企業誘致・資本導入プロモーションなどのイベントを100回以上開催し、調印された協力合意は100件を超えた。3月30日に行われたドバイ博各賞授賞式では、博覧会国際事務局（BIE）からドバイ博大型・超大型の独自建設タイプパビリオン建築類の「万博賞」銅賞を授与された。これにより、中国館は4回連続で万博の重要な賞を受賞したことになる。

文章 10

習近平総書記が春節を前に山西省視察、全国民へ新春の挨拶

原創 人民網日本語版　人民网日文版　2022-02-01-11：47

　　中華民族の伝統的祝日である春節（旧正月、2022年は2月1日）が近づく中、習近平中共中央総書記（国家主席、中央軍事委員会主席）は山西省を視察し、現地の幹部や人々のもとを訪れて慰労し、全国各民族人民、香港地区・澳門（マカオ）地区・台湾地区同胞、在外同胞が良い新年を迎えられるよう祈り、皆が健康で、仕事が順調で、一家が幸せであるよう祈った。また、偉大な祖国の山河が美しく、天候が順調であること、国家の安泰と国民の平穏な暮らし、国家の繁栄と強大化を祈った。

問題2　**office** でよく使われるショートカットキーを覚えてください。

【キー操作】	【操作内容】
Home	カーソル指定の行の先頭へ移動
End	カーソル指定の行の末尾へ移動
Ctrl + Home	文書の先頭へ移動
Ctrl + End	文書の末尾へ移動
Shift + Home	カーソル位置から行の先頭まで選択する
Shift + End	カーソル位置から行の末尾まで選択する
Ctrl + A	すべての選択
Ctrl + C	ドラッグしたもの（文章）をコピーする
Ctrl + V	ペースト（貼り付け）が出来る
Ctrl + X	カット（切り取り）が出来る
Ctrl + Z	直前の操作の作業前に戻す
F12	名前をつけて保存
Ctrl + N	ファイルの新規作成
Ctrl + O	ファイルを開く
Ctrl + S	ファイルの上書き保存

项目四
综合实践训练

  经过之前的学习，已经学会了基本的录入技巧和文字、符号等内容的录入方法。在日文版本的 office 下进行操作是数据录入业务的重要环节。

  本项目采用案例式教学，综合运用日文录入各项基本技能，对日文版 Office 办公软件业务案例进行实操训练，全面提高学生日文数据录入技能和电脑文档编辑能力。

综合训练一
利用 Word 制作日语五十音图表

利用 Word 制作日语五十音图表，重点学习字体编辑、表格插入、文档排版等编辑功能。

1. 在桌面的空白处单击鼠标右键，在菜单中选择 [新规作成（X）]，点击 [Microsoft Word 文書]。

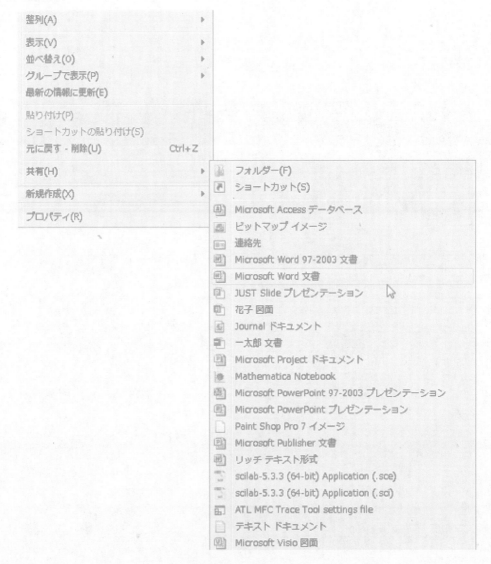

2. 在［挿入］选项卡中选择［表］，点击［表の挿入 (I)］。

3. 在［表の挿入］中，输入［列数 (C)］10，［行数 (R)］10，点击［OK］。

4. 选中表格。

5. 在［レイアウト］选项卡中，输入［高さ］1.5cm，［幅］1.5cm。

福昕阅读器	デザイン	レイアウト

自動調整

高さ: 1.5 cm 　 高さを揃える

幅: 1.5cm 　 幅を揃える

セルのサイズ

6. 在表格中录入平假名和片假名。

あ↵	い↵	う↵	え↵	お↵	ア↵	イ↵	ウ↵	エ↵	オ↵
か↵	き↵	く↵	け↵	こ↵	カ↵	キ↵	ク↵	ケ↵	コ↵

7. 在［レイアウト］选项卡中选择［中央揃え］图标 ☰ 选项。

8. 选择字体为 [MS Gothic]。

9. 选择字号为 18。

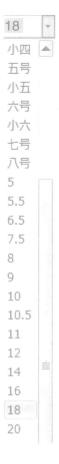

10. 选择字体样式为［太字］图标 **B** 。

11. 字体样式修改完毕后，表格如下所示。

あ	い	う	え	お	ア	イ	ウ	エ	オ
か	き	く	け	こ	カ	キ	ク	ケ	コ
さ	し	す	せ	そ	サ	シ	ス	セ	ソ
た	ち	つ	て	と	タ	チ	ツ	テ	ト
な	に	ぬ	ね	の	ナ	ニ	ヌ	ネ	ノ
は	ひ	ふ	へ	ほ	ハ	ヒ	フ	ヘ	ホ
ま	み	む	め	も	マ	ミ	ム	メ	モ
や	い	ゆ	え	よ	ヤ	イ	ユ	エ	ヨ
ら	り	る	れ	ろ	ラ	リ	ル	レ	ロ
わ	い	う	え	を	ワ	イ	ウ	エ	ヲ

12. 在 [ファイル] 选项卡中选择 [オプション]。

13. 在弹出菜单中选择 [表示]。

基本設定

表示

文章校正

保存

文字体裁

言語

詳細設定

リボンのユーザー設定

クイック アクセス ツール バー

アドイン

セキュリティ センター

14. 去掉［段落記号（M）］前的 ☑ 。

常に画面に表示する編集記号

☐ タブ(T)   →
☐ スペース(S)   …
☑ 段落記号(M)   ↵
☐ 隠し文字(D)   abc
☐ 任意指定のハイフン(Y)   ¬
☐ アンカー記号(C)   ⚓
☐ 任意指定の改行(O)   ▯
☐ すべての編集記号を表示する(A)

15. 完成五十音图表的制作。

* 在这里可以设置文字的字体、大小、加粗、倾斜等。

あ	い	う	え	お	ア	イ	ウ	エ	オ
か	き	く	け	こ	カ	キ	ク	ケ	コ
さ	し	す	せ	そ	サ	シ	ス	セ	ソ
た	ち	つ	て	と	タ	チ	ツ	テ	ト
な	に	ぬ	ね	の	ナ	ニ	ヌ	ネ	ノ
は	ひ	ふ	へ	ほ	ハ	ヒ	フ	ヘ	ホ
ま	み	む	め	も	マ	ミ	ム	メ	モ
や	い	ゆ	え	よ	ヤ	イ	ユ	エ	ヨ
ら	り	る	れ	ろ	ラ	リ	ル	レ	ロ
わ	い	う	え	を	ワ	イ	ウ	エ	ヲ

综合训练二
利用 Excel 制作日文成绩单

利用 Excel 制作日文成绩单，重点学习表格制作、编辑、利用函数进行计算等功能。

1. 打开 Excel，在单元格中录入以下内容。

2. 通过拖拉鼠标，选择范围。

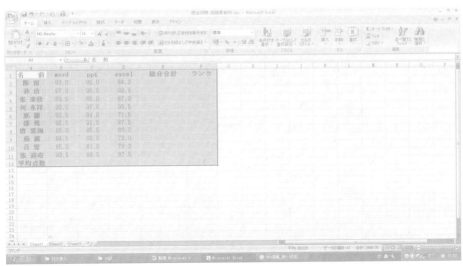

3. 点击［ホーム］命令下的 田（罫線），选择［格子 (A)］。

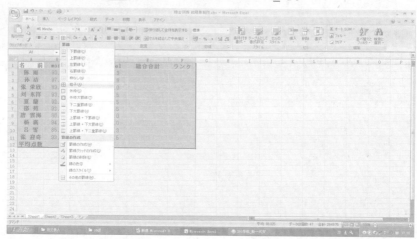

4. 在做每个学生总分统计时，可以用"SUM"函数。在第一个学生的［総合合計］单元格中录入英文大写"=SUM"，在自动显示的下拉菜单中，双击选择"SUM"。

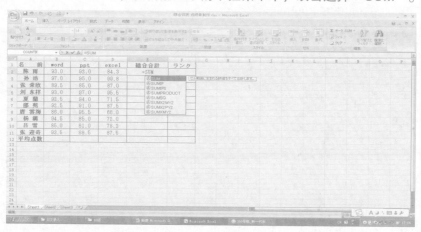

5. 选择需要合计的范围。

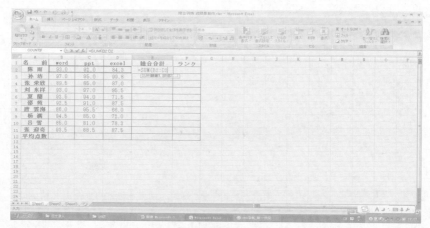

6. 在录入范围后录入后括号"）"，点击 `Enter` 键，出现合计的结果。

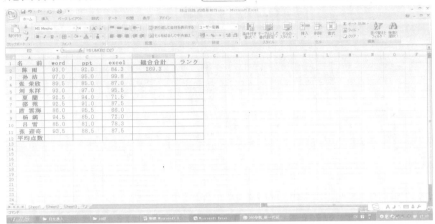

7. 鼠标单击已出结果的第一个单元格并下拉至需要合计的最后一行。

8. 在做每个项目平均分统计时，可以用"AVERAGE"函数。在第一列项目下［平均点数］单元格中录入英文大写"=AVERAGE"，在自动显示的下拉菜单中，双击选择"AVERAGE"。

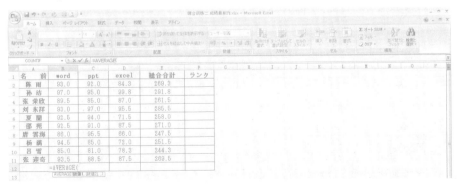

通过鼠标拖拉选择本项目中的所有成绩 (B2–B11)，得出该项目的平均分。

按回车键，得出该项目的平均分。

9. 在做每个学生排名计算时，可以用"RANK"函数。在第一个学生的［ランク］单元格中录入英文大写"=RANK"，在自动显示的下拉菜单中，双击选择"RANK"。

10. 点击需要排名的成绩。

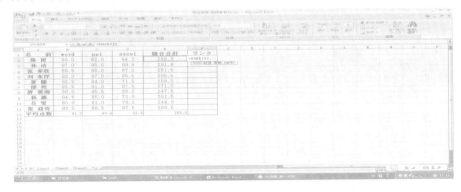

11. 选择排名的范围。

12. 在函数输入的命令下，为范围加上"$"（固定此范围）。

13. 通过鼠标拖拉，得出所有学生的总分排名。

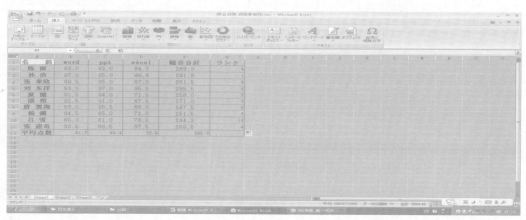

14. 选中所有范围

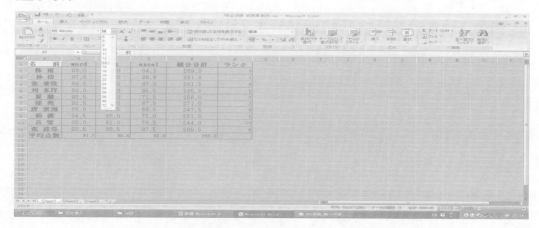

调整字号为 14

单元格内所有内容居中

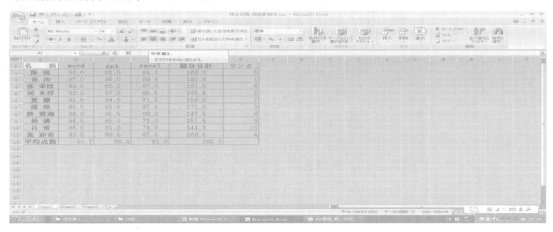

15. 点击表格内任意位置，完成表格制作。

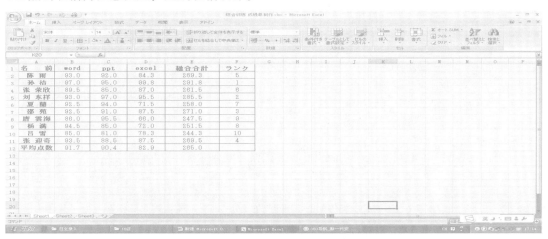

综合训练三
利用 PPT 制作日文幻灯片

　　利用 PPT 制作日文幻灯片，重点学习幻灯片中图片、文字的编辑、背景板设计、添加动画效果等功能。

1. 打开 PPT，在文本框中录入题目。

2. 点击 [插入]，选择 [图]，插入需要的图片。

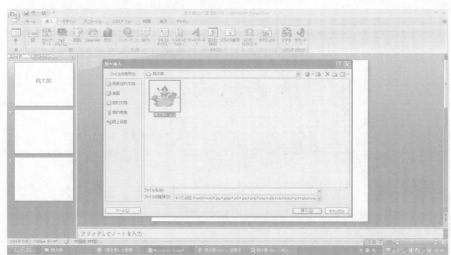

3. 为了美观，可以点击 [デザイン]，选择合适的 PPT 模板。

4. 在每一张 PPT 上录入文字时，点击 [挿入]，选择 [テキストボックス] 中的 [横書きテキストボックス (H)]，在 PPT 上画出合适大小的文本框。

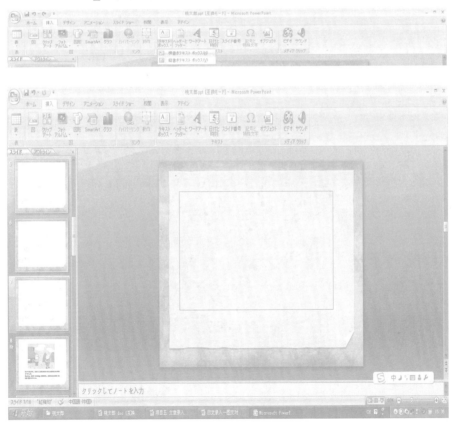

5. 在文本框中录入文字，并按照之前的步骤插入图片。

6. 如果图片大小不符合标准，可用鼠标点击图片并拖动边框调整。

7. 点击图片，在命令栏中的 [書式] 选择合适的图片样式。

8. 为了增加PPT放映的效果，可以加入动画效果。点击［アニメーション］选择［アニメーションの設定］，在屏幕右侧［効果の追加］中选择合适的动画效果。

9. 在动画效果的添加中，选择［開始］［方向］［速さ］，然后点击［再生］观看动画效果。

10. 点击鼠标右键，再单击画面左侧的幻灯片

选择 [新しいスライド (N̲)]，可增加新的幻灯片

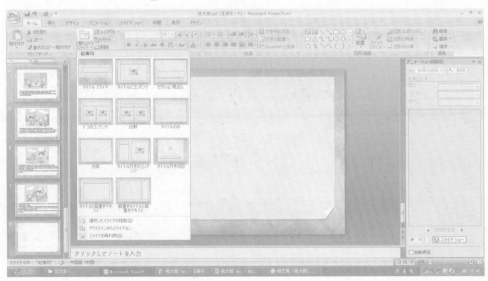

11. 如果图片效果有瑕疵，例如下图中画圈的部分

首先点击需要修改的图片

在命令栏中［書式］下，选择［トリミング］，之后通过拖动鼠标，剪切掉不需要的部分

12. 最终完成 PPT 的制作。

综合训练四
利用 PPT 制作产品统计分析图

    利用 PPT 制作产品统计分析图，重点学习如何插入表格、饼状图与柱状图，调整表格文字居中，并根据数据内容生成饼状、柱状分析图等功能。

1. 打开 PPT，点击「插入」功能栏下的「表」，选择所需行、列数，生成表格。

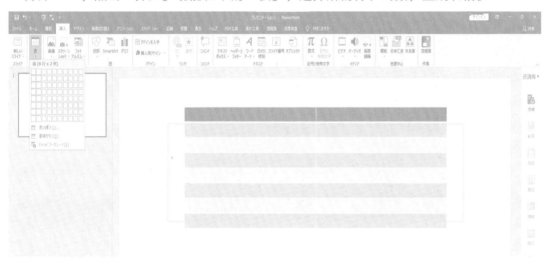

2. 在表格中，录入以下内容，并调整表格列宽。

不良内容	件数
はつれ／破れ（生地）	109
毛羽落ち	72
ほつれ（縫い目）	62
汚れ／染み	53
異臭	13
その他	10
合計	319

3. 选中表格，点击鼠标右键，选择「図形の書式設定」。

4. 在右侧竖列的功能模块中，选择「文字のオプション」下最右侧「テキストボックス」
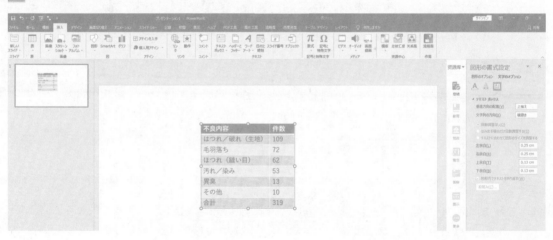 功能按钮。

5. 选中表格文字内容，在「テキストボックス」下「垂直方向の配置」功能选项中，选择「中心」设置，完成表格文字居中设置。

6. 在「挿入」功能栏下，选择「グラフ」功能，在弹出的对话框中，选择「円」形状。

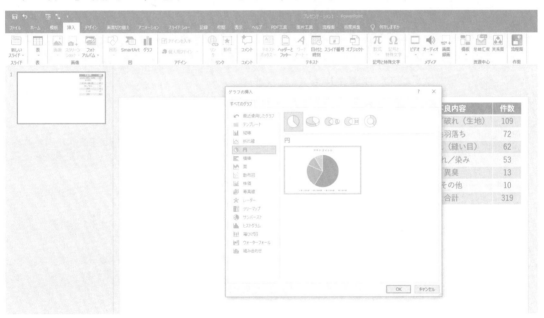

7. 将已插入 PPT 中的蓝色表格内容，录入弹出的绿色 excel 表格中，点击绿色 excel 表格右上角【 × 】，饼状图自动调整分布结构。

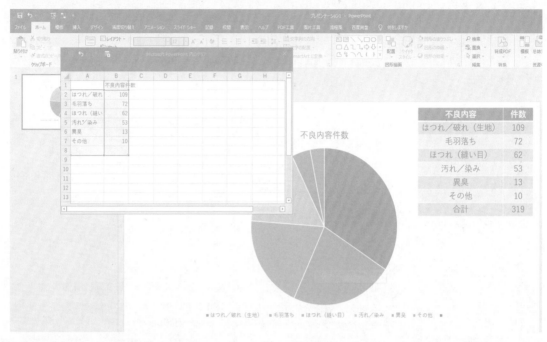

8. 在「挿入」功能栏下，选择「テキストボックス」功能下的「横書きテキスト」，插入文本框。

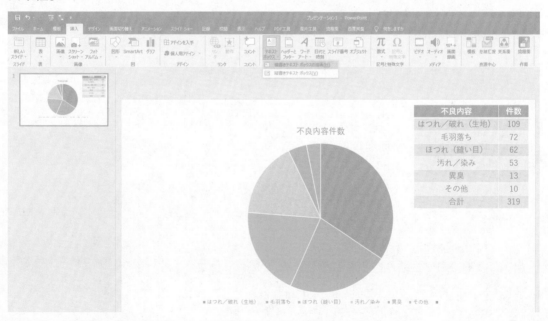

9. 在幻灯片空白处，拖拽鼠标生成实际需要大小的文本框，并在文本框中输入内容，拖拽文本框至对应饼状图形区域。

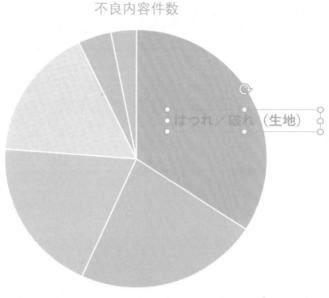

不良内容件数

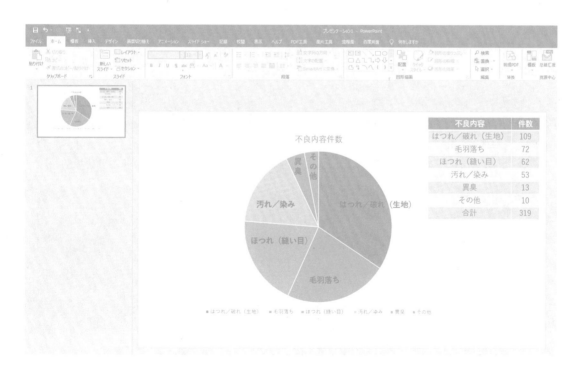

10. 新建幻灯片，插入柱状图。在「挿入」功能栏下，选择「グラフ」功能，在弹出的对话框中，选择「縦棒」形状。

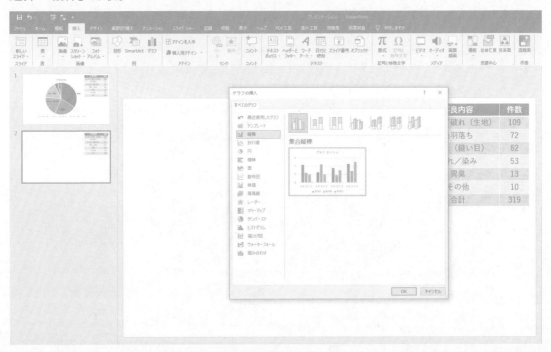

11. 在弹出的绿色 excel 表格中，将蓝色表格中「不良内容」依次录入横排、纵列中，将「件数」中的数量录入对应表格中，点击右上角【×】，生成柱状图。

	A	B はつれ/破れ（生地）	C 毛羽落ち	D ほつれ（縫い目）	E 汚れ／染み異臭	F 異臭	G その他	H	I
2	はつれ／破れ（生地）	109							
3	毛羽落ち		72						
4	ほつれ（縫い目）			62					
5	汚れ／染み				53				
6	異臭					13			
7	その他						10		
8									
9									

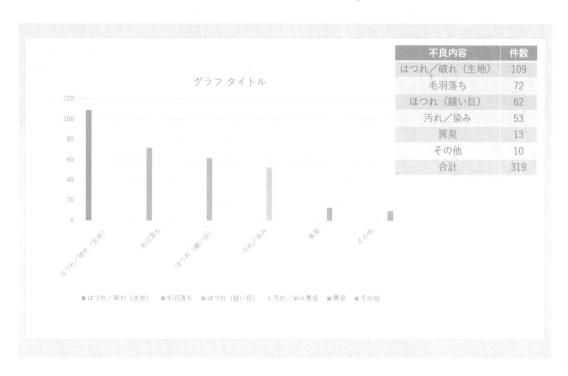

不良内容	件数
はつれ／破れ（生地）	109
毛羽落ち	72
ほつれ（縫い目）	62
汚れ／染み	53
異臭	13
その他	10
合計	319

12. 双击柱状图的上方「グラフ　タイトル」，更改为实际的内容标题。

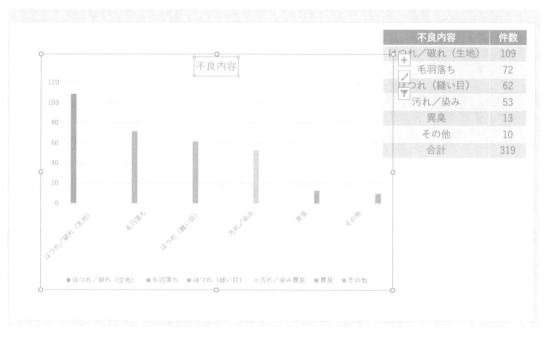

不良内容	件数
はつれ／破れ（生地）	109
毛羽落ち	72
つれ（縫い目）	62
汚れ／染み	53
異臭	13
その他	10
合計	319

13. 点击空白处，完成幻灯片制作。

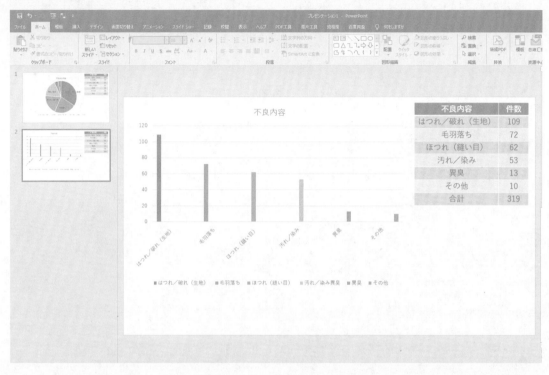

综合训练五
利用 Excel 制作箱单与二维码

利用 Excel 制作箱单，重点学习箱单制作、合并单元格、添加底色与边框、二维码制作、功能复制等功能。

1. 打开 Excel，录入以下文字内容。

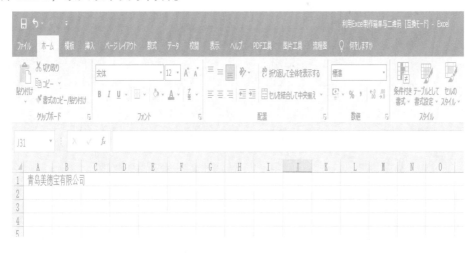

2. 点击「ホーム」命令，鼠标选中 A 至 L 列，点击功能栏中「セルを結合して中央揃え」功能按钮，合并单元格并居中，将标题字体设置为【宋体】，16 号，加黑。

3. 录入其他文字内容，字体加黑，并对以下单元格进行合并居中操作，并调整合适列宽：
D8E8\D9E9\F8G8\F9G9\H8I8\H9I9\J8K8\J9K9\A13B13C13\A14B14C14\D27E27\F-
27G27\H27I27\J27K27\D28E28\F28G28\H28I28\J28K28。

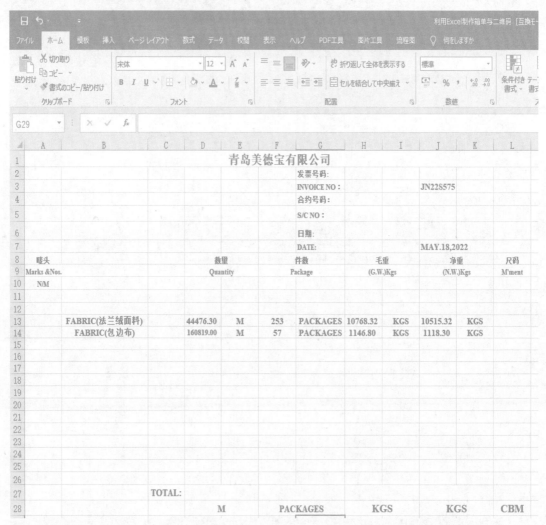

4.在「ホーム」功能栏下，拖选中需要加底色的单元格，例如 G3 至 L3，选择「テーマの色」
按钮，点击颜色，添加底色成功。

5. 在「ホーム」功能栏下，拖选中需要添加边框的单元格，点击「罫線」功能按钮，选中对应的边框格式，分别选择「下罫線」「外枠」「太い外枠」「下二重罫線」「格子」，为对应区域完成边框设置。

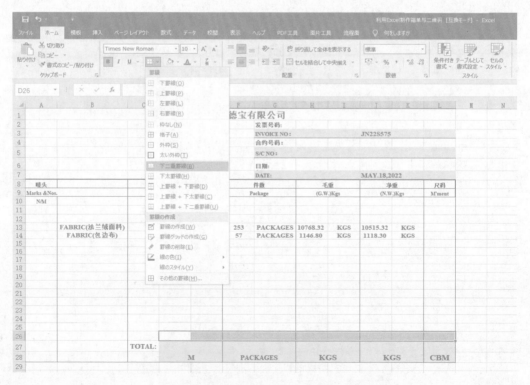

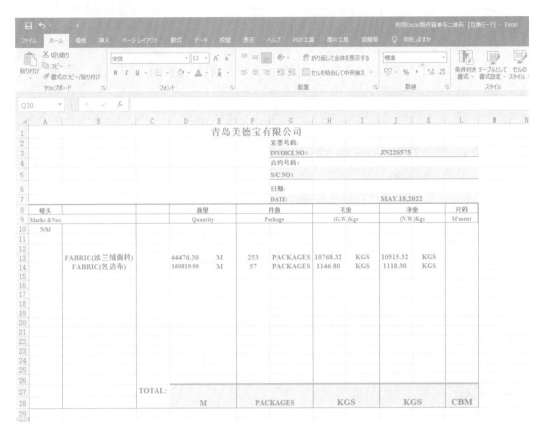

6. 核算总量总额时，可以用求和功能 "SUM" 函数。在「ホーム」功能栏下，选中 "数量"
一列对应的 TOTAL 单元格 D27，点击功能栏上的「オート SUM」按钮，选择第一个「合计」。

7. 在 D27 单元格显示出函数公式后，选中求和范围，即所有需要求和数量的单元格，点击回车键。

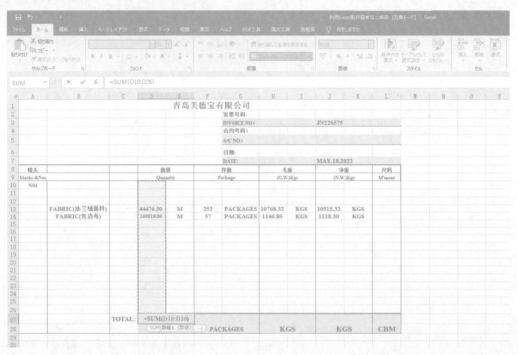

8. 完成数量总和计算后，选中已出结果的单元格，光标放置 D27 单元格右下角边框 ，光标变成黑色小"十"字，横向右拖拉至需要合计的最后一行，完成功能复制。

9. 光标移动至导航栏最左侧「ファイル」命令，点击鼠标右键，选择「リボンのユーザー設定」。

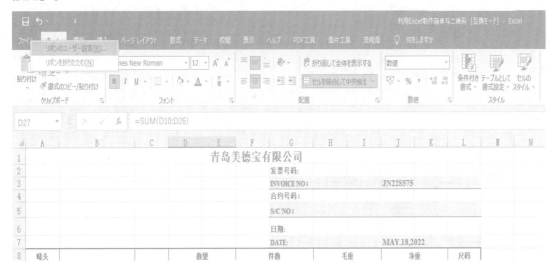

10. 在弹出的功能窗口「Excel のオプション」页面，选择「開発」，并点击「OK」确认。

11. 此时功能栏新增「開発」功能模块。

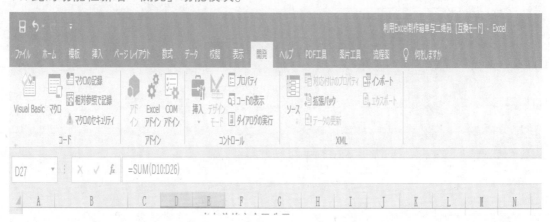

12. 点击「開発」，点击「挿入」，选择「ActiveX コントロール」中的「コントロール選択」
图标（右下角）。

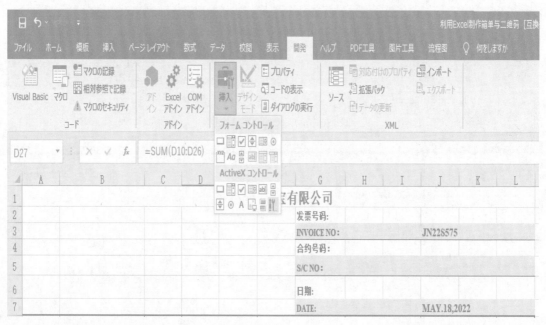

13. 在弹出的「コントロール選択」功能菜单中，选择「Microsoft BarCode Control 16.0」，点击「OK」确认。

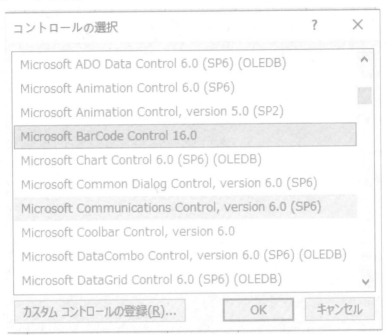

14. 点击任意空白处，生成二维码，调整二维码图片大小，并插入1个单元格内。

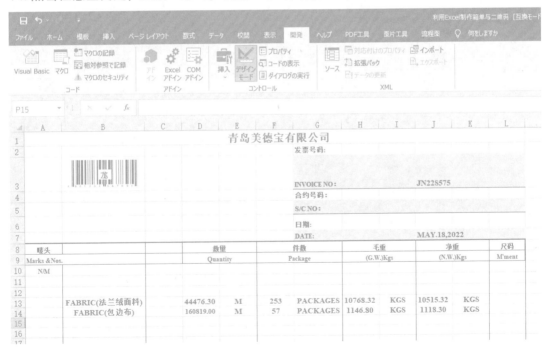

15. 选中二维码图片，点击鼠标右键，选择「Microsoft Barcode Control 16.0オブジェクト」的子菜单「属性」功能。

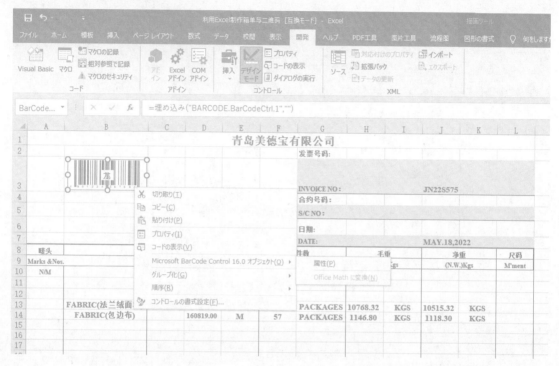

16. 在弹出的功能框中，样式选择「7-Code-128」。

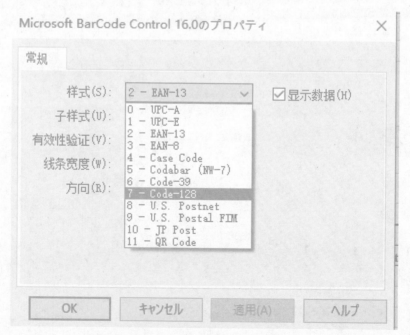

17. 在二维码左边的单元格，录入任意数字编码，并记住编码所在单元格。

18. 选中二维码，点击鼠标右键，选择「プロパティ」选项。

19. 在弹出的功能窗口中，选择「LinkedCell」，并在右侧输入自编编码所在单元格，如图为 A3。

20. 完成箱单制作。

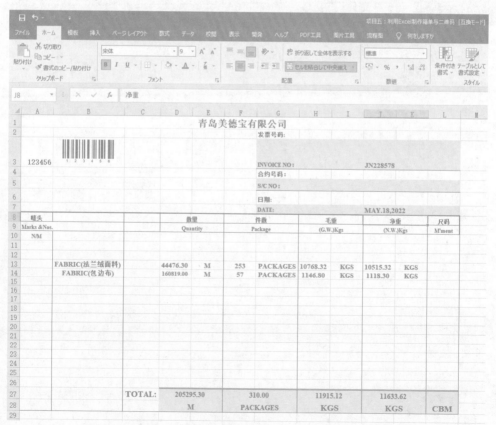

综合训练六
利用 Excel 制作不良商品统计表

利用 Excel 制作不良商品统计表，重点学习自动换行、表格筛选、求和与平均数函数公式、冷冻窗格等功能。

1. 打开 Excel，在单元格中录入以下内容。

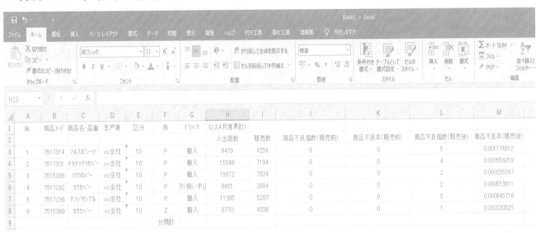

2. 对纵向单元格 A1A2 至 G1G2、横向单元格 H1M1 进行合并单元格并居中操作，选中要合并的单元格，在「ホーム」功能栏下，点击「セルを結合して中央揃え」按钮，完成合并单元格并居中操作。

3. 对第二行 JKLM 单元格中的较长的文本内容进行换行设置，优化表格。选中需要换行的单元格，点击鼠标右键，选择「セルの書式設定」，弹出功能窗口。

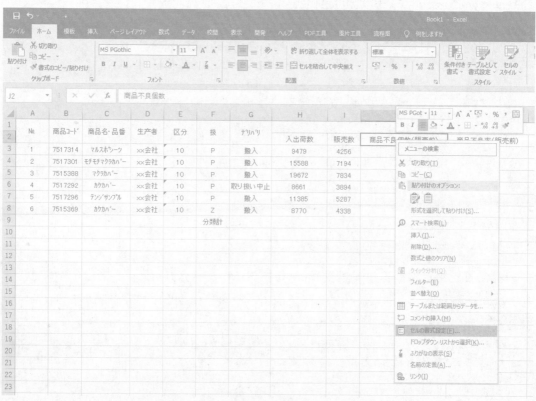

4. 在弹出的功能窗口「セルの書式設定」中，选择「配置」选项。勾选「文字の制御」模块中的「折り返して全体を表示する」，点击「OK」确认。

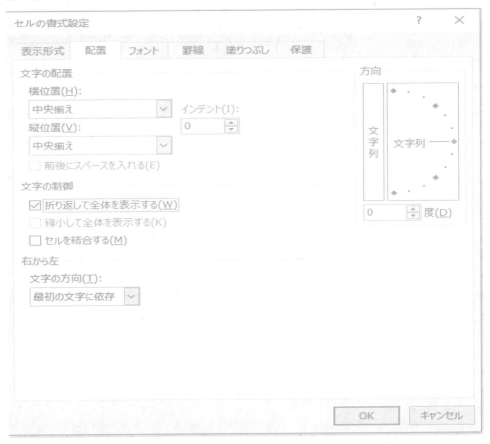

5. 鼠标选中已换行单元格，在「ホーム」功能栏下，点击「書式のコピー」功能图标，光标变成刷子图案。在刷子图案状态下，选中其他需要换行单元格，可完成整体格式调整，随后调整列宽。

6. 选定图中区域，进行边框设置。在「ホーム」功能栏下，点击「罫線」选项按钮，选取需要的边框格式，选择「格子」选项。

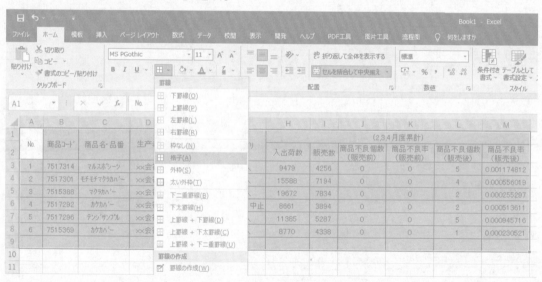

7. 对内容进行筛选。选定想要筛选的单元格，例如 B 列「商品コード」，在「データ」功能栏下，点击「フィルター」，所选单元格所在行的每一个单元格右上角都出现了向下的三角 ⏷ 筛选符号。

8. 点击「商品コード」单元格右上方的 ⏷ 筛选图标，选择第一个功能指令「昇順」，实现表格按照「商品コード」的升序排列。

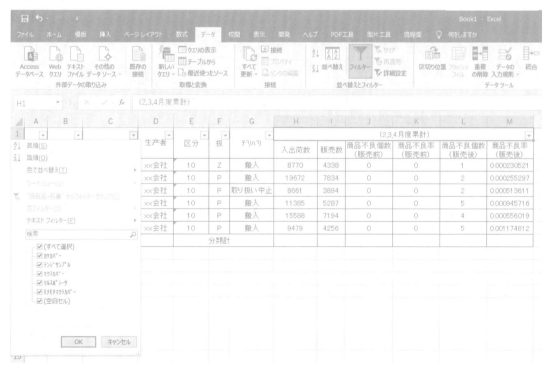

9. 要求「入出荷数」总数，可以使用"SUM"求和函数。首先选中「入出荷数」列最后空白单元格 H9，点击「数式」功能栏，选择左侧第二格「オート SUM」功能，点击「合計」。

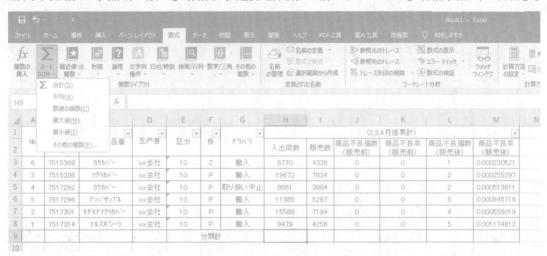

10. 出现函数公式及蓝色求和区域后，点击回车键，完成自动求和。

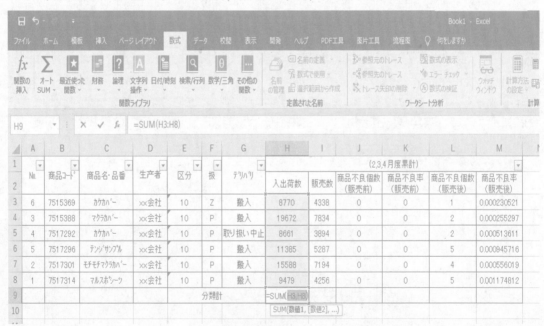

11. 选中已出结果 H9 单元格，光标移至右下角，呈"十"字形，点击并持续向右拖动实现功能复制。

12. 对商品不良率求取平均值，可以使用"AVERAGE"平均函数。首先选中「商品不良率」列最后的空白单元格 M9。在「数式」功能栏下，选择「オート SUM」功能，点击第二个「平均」，公式生成后，点击回车键。

13. 选中 C 列，在「表示」功能栏下，选择「ウィンド枠の固定」功能按钮下的「ウィンドウ枠の固定」选项，可在横向拖动表格时，实现 A、B 列固定。

14. 选中想要突出显示的单元格，并通过「ホーム」功能栏下的「テーマのいろ」功能，实现颜色突出显示，完成表格制作。

综合训练七
利用 Word 制作商品展示文案

利用 Word 制作商品展示文案，重点学习封面设置、页面布局调整、插入页码、插入图片、插入表格等功能。

1. 打开 Word，在「挿入」功能栏下，点击「表紙」功能选项，弹出封皮选择窗口。

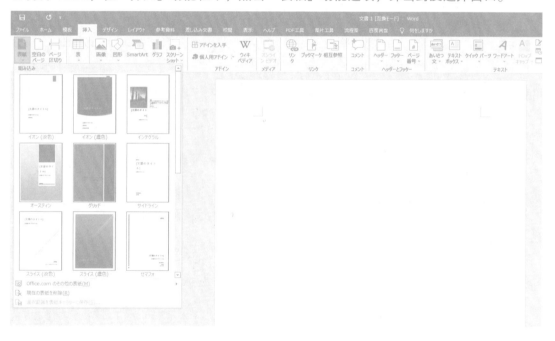

2. 选择需要的封皮样式，点击后在 Word 页面中自动生成。

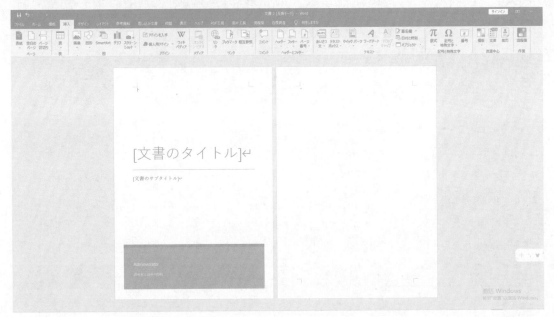

3. 在 [文書のタイトル] 处输入日语内容「ｘ ｘ 商品の紹介」，在其横线下方输入汉语内容
"xx 商品介绍"。

4. 在橙色位置输入介绍人姓名"田中一郎"与公司名称"幸せの光株式会社"，地址"日本香川县高松市栗林町 3 丁目 3–32"。

5. 光标放到第二页，在「挿入」功能栏下，点击「画像」功能选项「このデバイス (D)」。

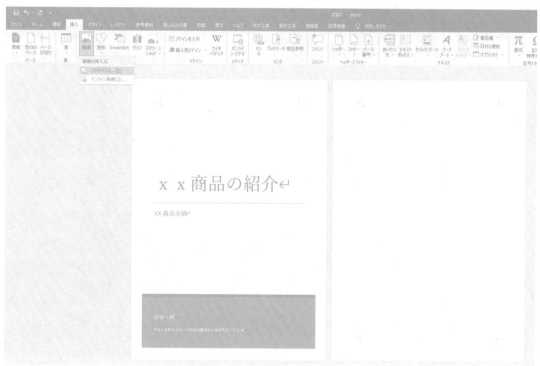

6. 在弹出的路径对话框中，选择图片所在位置，选中要插入的图片，点击「挿入」，完成图片插入操作。

7. 在图片下方输入「商品名」「デザインの紹介」「予想価格」文字，完成商品基本介绍。

商品名：↵
デザインの紹介：↵
予想価格：↵

8.将光标放在第二页面，点击导航栏 [レイアウト] 功能，在该功能栏下，选择「区切り」功能选项，点击「次のページから開始」，自动生成第三页页面。

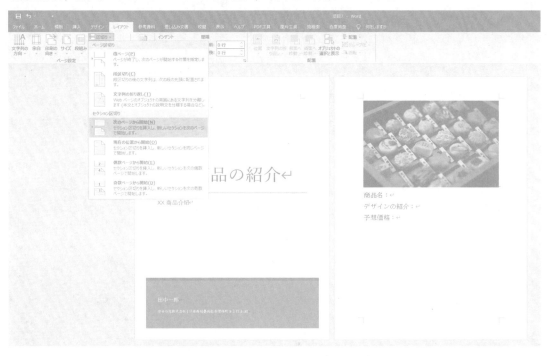

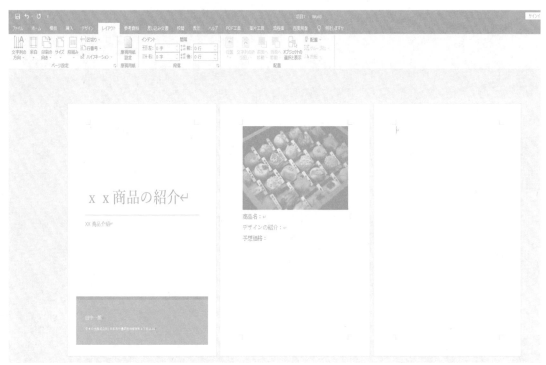

9. 在 [レイアウト] 功能栏下，选择「印刷の向き」功能选项，点击「横」，第三页页面自动变成横向布局。

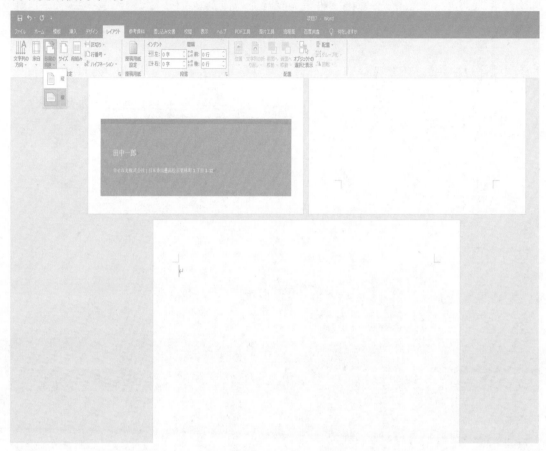

10. 在「挿入」功能栏下，选择「表」功能选项，点击「表の挿入」。

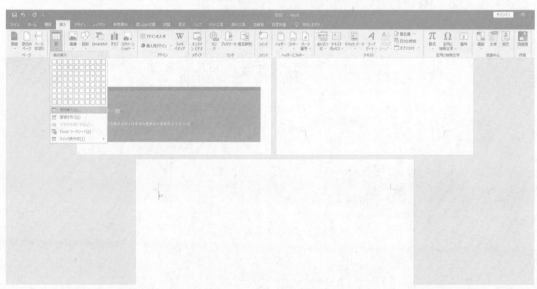

11. 在「挿入」功能栏下，选择「表」功能选项，点击「表の挿入」，根据需要插入对应的「列数」「行数」，自动生成表格。

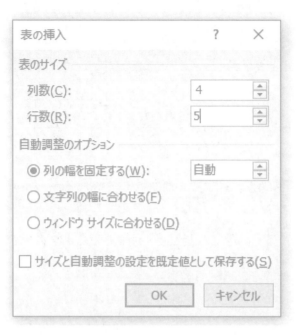

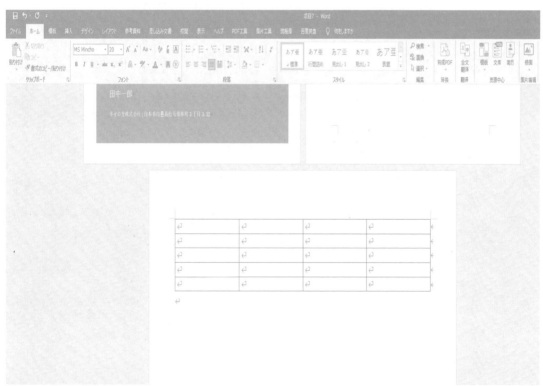

12. 在表格中输入以下内容。

番号↵	商品名称↵	商品紹介↵	予想価格↵	↵
No. 12345↵	↵	↵	↵	↵
No. 12346↵	↵	↵	↵	↵
No. 12347↵	↵	↵	↵	↵
No. 12348↵	↵	↵	↵	↵

13. 光标停在 Word 文档第二页，在「挿入」功能栏下，选择「ページ番号」功能选项中的「ページの下部」，选择「番号のみ 2」。

14. Word 文档第二页下方显示页码 1，点击红色正方形 × 号。

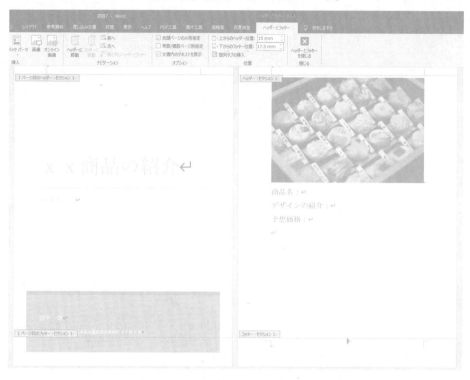

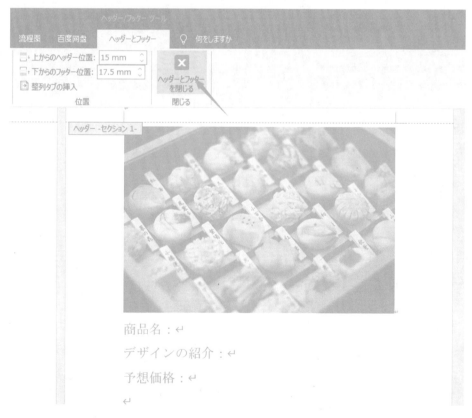

15. 光标停至 Word 页面第三页，在「挿入」功能栏下，选择「ページ番号」功能选项中的「ページの下部」，选择「番号のみ2」。

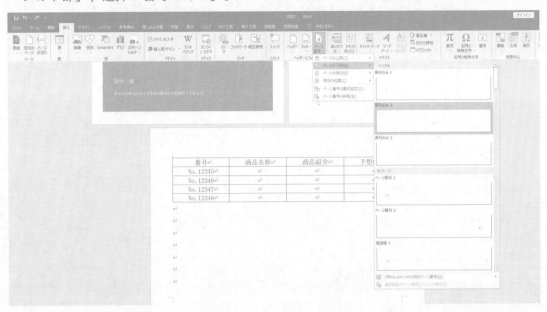

16. 在弹出的功能栏下，选择「ページ番号」功能选项中的「ページ番号の書式設定」。

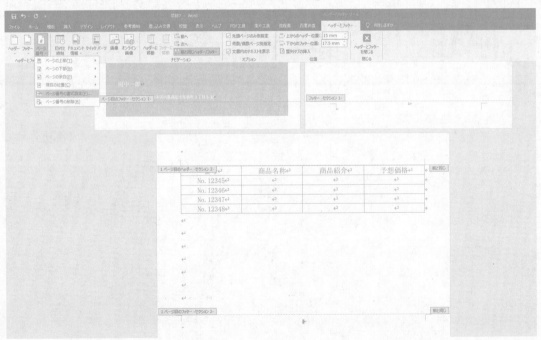

17. 弹出页码设定对话框，选择「開始番号」，输入数字 2，点击「OK」确认。

ページ番号の書式	?	×

番号書式(F): 1, 2, 3, …

☐ 章番号を含める(N)

章タイトルのスタイル(P): 見出し 1

区切り文字(E): - （ハイフン）

例: 1-1、1-A、1-a

連続番号

○ 前のセクションから継続(C)

◉ 開始番号(A): 2

OK　　キャンセル

	商品名称↵	商品紹介↵	予想価格↵
No. 12345↵	↵	↵	↵
No. 12346↵	↵	↵	↵
No. 12347↵	↵	↵	↵
No. 12348↵	↵	↵	↵

1 ページ目のヘッダー -セクション 2- 前と同じ

1 ページ目のフッター -セクション 2- 前と同じ

18. 点击红色正方形 ⊠ 号，完成制作。

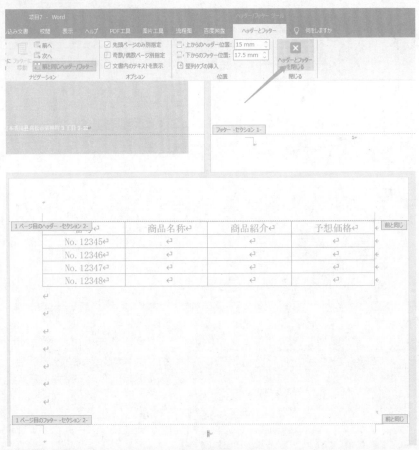

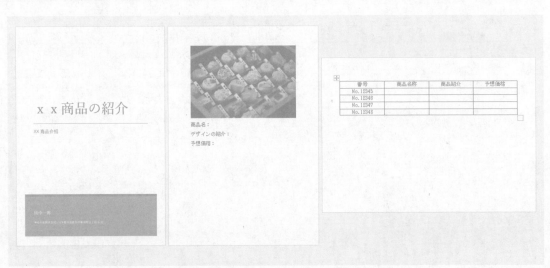

　　本书在编写过程中参考、引用和改编了国内外出版的部分相关资料、网络资源，若著
作权人看到本书后，请与我社联系，我社会按照相关法律的规定给予您稿酬。